INSTITUT CANADIEN DE QUÉBEC

# VOYAGES ET MÉMOIRES

SUR

# LE CANADA

PAR

## FRANQUET

QUÉBEC
IMPRIMERIE GÉNÉRALE A. COTÉ ET Cie
1889

INSTITUT CANADIEN DE QUÉBEC

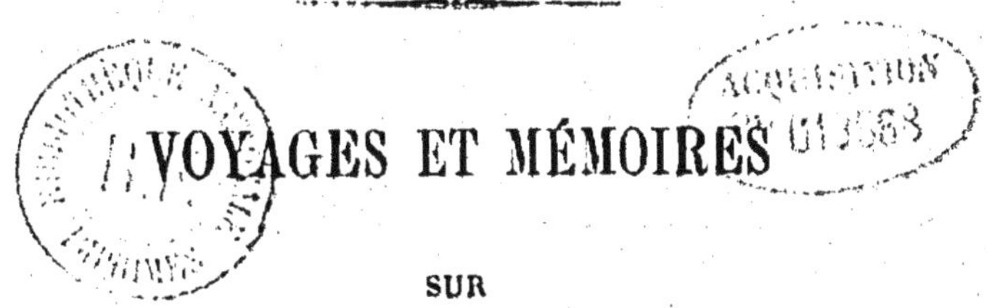

# VOYAGES ET MÉMOIRES

SUR

# LE CANADA

PAR

FRANQUET

QUÉBEC
IMPRIMERIE GÉNÉRALE A. COTÉ ET Cie
1889

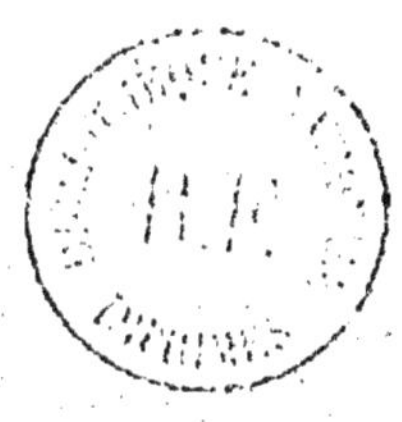

# AVANT-PROPOS

—

Le manuscrit de Franquet fait partie des archives de la guerre à Paris. Une copie en fut transcrite et mise dans nos archives nationales en 1854.

Franquet fut chargé par le gouvernement de Versailles d'inspecter les forts et les autres travaux militaires de la Nouvelle France. Il parcourt donc les différents postes de l'Isle Royale et de l'Isle St-Jean. Puis il visite les forts et villages du Canada, et tout en indiquant les améliorations à faire, les réparations nécessaires à la défense du pays, il nous fait part de ses observations sur les abus de l'administration, sur les réformes à faire, et sur l'état de la colonie.

Le manuscrit se compose de deux volumes.

Le premier porte le titre : « *Isles Royale et St-Jean*, 1751. *Voyage du Sieur Franquet au Port Lajoie, au havre de St-Pierre, au Port des Trois-Rivières de l'Isle St-Jean.* »

Le second volume est intitulé : « *Voyages et mémoires sur le Canada.* » Il est plus intéressant pour nous que le premier et c'est lui que nous offrons au public aujourd'hui.

Le premier voyage de Franquet date de 1751 ; le second volume nous porte à 1752 le 24 juillet ou Franquet s'embarque à Québec sur le bateau de l'Intendant Bigot avec une joyeuse compagnie pour aller aux Trois-Rivières, à Montréal et aux différents postes échelonnés le long du lac Champlain et de la rivière aux Iroquois.

Franquet était ingénieur du Roi. Il vint en Amérique en 1750 comme directeur général des fortifications, et ce fut lui qui fut chargé jusqu'à la prise de Louisbourg des travaux de fortification de cette ville. En 1750 nous le voyons à Louisbourg ; en 1751, il nous fait le récit de son voyage à l'Isle Royale et à l'Isle St. Jean. L'année suivante il nous conduit à Québec, Trois-Rivières, Montréal et sur le lac St-Sacrement.

En 1754, nous le voyons revenir à Louisbourg en compagnie de monsieur le Chevalier de Drucourt pour réparer l'ancienne fortification et exécuter les nouveaux projets de la Cour.

# CANADA 1752.

**Voyage du Sr. Franquet de Québec aux trois rivières, aux forges de St. Maurice, à Montréal, au village sauvage du Sault St. Louis, à celui du Lac des Deux Montagnes, au fort St. Jean, à celui de St. Fréderic, à la chute du lac St. Sacrement, au fort Chambly, et aux deux autres villages sauvages de St. François et Bécancourt.**

*Na.*—C'est moins en vue de traduire ce voyage au public que j'écris, que pour me rappeler les objets que j'ai parcouru et me rendre compte du temps que j'ai employé dans cette partie de l'Amérique.

***

**LE 24 JUILLET.**

Embarqués à Québec sur le fleuve St. Laurent, à deux heures après midi, à l'endroit nommé le cul de sac de la Basse-Ville, dans le batteau affecté aux tournées de Mr. l'Intendant.

Ce batteau est plat, peut porter environ huit milliers pezant, dans son milieu est un espace de 5 à 6 pieds en carré, contourné de bancs, garnis de coussins bleus, avec des rideaux sur les côtés et couvert d'un tendelet de même couleur au moyen de quoy on s'y trouve commodément à l'abry du soleil, même de la pluye en se précautionnant d'un prélat. On nomme Prélat une grosse toile peinte à l'huile, en rouge, dont on couvre le tendelet, pour se garantir de la pluye. Il était armé de onze rameurs et de deux conducteurs, tous habitants de l'endroit nommé la Pointe de Lévy, et il y avait un mât propre à porter la voile, même un hunier au besoin; d'ailleurs il était pourvu de vivres, de vin et d'eau de vie par les ordres de Mr. l'Intendant et même d'argent pour faire face aux dépenses journalières du voyage.

*Na.*—On nomme tendelet une espèce d'impériale de carosse que contiennent quatre petits montants de bois; ordinairement, il est coupé en deux parties liées ensemble par des pentures à charnières pour l'aisance de lever celle que requiert la commodité, et à chacun des dits montants sont deux crochets pour l'assujettir bien ferme étant tendu.

Ce batteau fut donné en cet état à ma disposition; j'en étais le maître, de manière que mes compagnons de voyage de Louisbourg à Québec, que des affaires attiraient à Montréal, me prièrent de leur donner passage, à quoi consenti, nous nous embarquâmes,

SÇAVOIR :

| | | Personnes |
|---|---|---|
| Moy et deux domestiques.................................. | | 3 |
| Mr. de Couagne, sous ingénieur de Québec, chargé de m'accompagner et de faire la dépense......... | | 1 |
| Le Père Boniface, supérieur de la charité de la maison de Louisbourg.................................. | | 1 |
| Mr. de Maigières, Lieutenant...... | des compagnies | |
| Mr. de Charly, enseigne en pied | de l'Isle | 3 |
| Mr. Duplessis, enseigne en second | Royalle | |
| Domestiques à ces Mrs.................................. | | 2 |
| et treize hommes d'équipage...... .................... | | 13 |
| Ensemble............ | | 23 |

A peine fûmes nous placés que le maître conducteur se plaignit que nous étions trop de monde et même trop chargés. Chacun s'en apperçut sans se mettre en devoir d'y rémédier, néanmoins je fis sentir qu'on abusait de la facilité que je procurais, et sans vouloir trop ouvertement désobliger personne mon parti fût de dire « Allons! nagé! il en arrivera ce qu'il pourra. »

La mer commençait à descendre, et le vent était contraire; ainsi il n'y avait pas de temps à perdre pour ne pas trouver trop de résistance au courant, après avoir dérâpé—c'est de retirer a bord une petite ancre qu'on nomme grapin—on se mit à nager tout le long de la partie du nord du fleuve.

Vus en passant à cinq ou six cents toises de la ville :

L'ANSE AUX MERS

à $\frac{1}{4}$ de lieue de celle ditte à Foulon, à même distance plus loing une maison nommée Samod appartenante aux prêtres du Seminaire de Québec et tout joignant la ferme de St. Michel.

Et un peu plus loing l'endroit nommé Sillery où est une maison de campagne appartenante aux Jésuites de cette ville.

Ensuite passés a $\frac{1}{4}$ de lieue au delà au pied du Cap-Rouge où débouche la rivière de ce nom ; on estime de la ville au dit Cap trois petites lieues à son sommet dont plusieurs habitations dépendantes de la paroisse de Ste Foy, et cette rivière semble sortir d'une gorge.

*Na*—depuis la ville, jusqu'à cette rivière les bords du fleuve sont entièrement élevés, escarpés et uniquement formés de roc, et entre l'anse aux Mers et Sillery on en tire beaucoup de pierres propres à la bâtisse.

Après avoir doublé la gorge de cette Rivière, passés devant le cap St. Augustin et au delà devant l'Eglise de la paroisse de ce nom, elle est bâtie sur la grève à une lieue du Cap Rouge, partant de Québec à la dite église, quatre lieues.

En suivant tout le long des terres, le pays se découvre, l'on y apperçoit plusieurs habitations de la paroisse précédente ; elles sont assez éloignées l'une de l'autre, et semblent en s'allongeant vers celles de la paroisse suivante nommée Neuville ne former qu'un seul village ; les terres y sont bonnes et beaucoup moins escarpées que dans la partie précédente.

Parvenus à peu près vis-à-vis l'Église de cette dernière paroisse de l'endroit nommé la pointe aux Trembles, il était 7 heures $\frac{1}{2}$ du soir et le vent étant toujours forcé, nos deux patrons ne jugèrent point à propos d'aller plus loin. Mis à terre devant la maison des Sœurs de la congrégation où soupé et logé, on se couche de bonne heure affin de pouvoir le lendemain partir de grand matin.

Ces sœurs n'y sont que deux détachées de la maison de Montréal, et attirées pour enseigner les jeunes filles à lire, à écrire, et les principes de la religion ; la maison qu'elles occupent est un don de quelques âmes pieuses ; elle est bâtie à 40 toises des bords du fleuve, sur un plateau un peu élevé, d'où l'on découvre tout ce qui le monte et descend, et les habitations de la rive du Sud, de manière que l'endroit est agréable.

*Na.*—On est le maître de descendre chés tel habitant que l'on veut, quoique ce ne soit point une obligation de recevoir les voyageurs par eau, néanmoins on n'oserait les refuser, mais pour l'ordinaire l'on arrange les journées de façon à pouvoir loger dans les meilleures maisons et les plus fréquentées. L'on a coutume de payer 12 pour le logement de toute une battellée indépendamment de la dépense que l'on peut faire d'ailleurs et si on veut être bien couché, il faut se précautionner d'un lit.

On compte quatre lieues depuis le cap St. Augustin jusqu'à l'Eglise de Neuville et sept depuis Québec jusqu'à ce dernier endroit, le fleuve y est estimé large de $\frac{3}{4}$ de lieues.

Depuis Québec jusqu'au Cap Rouge sont plusieurs endroits propres à la pêche des Anguilles, les moyens dont on use pour en prendre une quantité immense sont bien simples. On joint ici le détail avec plan.

## MANIÈRE DE PRENDRE LES ANGUILLES DANS LE FLEUVE ST. LAURENT.

L'on tend des clayes (A) sur toute la largeur du terrain que la mer découvre, ces clayes sont faites de brins de bois tendre et pliant d'un pouce environ d'épaisseur, sont hautes de quatre à cinq pieds, longues de six à sept, posées debout bien droites en files et soutenues par des arcs boutants (B) contre le courant du fleuve, de deux en deux ou de trois en trois sont posés des angoulements (C) qui sont des espèces de paniers faits de même bois que les clayes, en figure de cônes de deux pieds de diamètre à l'un des bouts et de trois pouces au plus à l'autre, ce dernier entre dans un trou de six pouces percé dans le milieu d'un coffre (D) fait en planches de deux pieds d'hauteur, d'autant de largeur et de trois de longueur ; d'ailleurs sur l'un des cotés de la grande ouverture du dit engoulement se place en retour autre claye (E) dont on va faire connaître l'usage cy après. (voir plan).

Tout cet appareil bien dressé, l'on sait par expérience que les anguilles suivent toujours la marée ; de là, il est évident que lorsqu'elle descend, celles qui cotoyent les bords du fleuve St. Laurent viennent lutter contre les clayes (A) que cherchant à les pénétrer, elles se trouvent barrées par celles (E), posées en retour, et que ne trouvant pas de passage que par la grande ouverture de l'Angoulement (C), elles y entrent, le pénètrent jusqu'à son extrémité où elles tombent dans le coffre (D), d'où elles ne sauroient sortir. C'est là où l'on vient les prendre quand la marée est totalement basse.

*Na.*—Que pour empêcher tout cet appareil d'être soulevé par l'eau, on le charge de pierres.

Ces anguilles se salent dans des barriques et sont envoyées aux iles méridionales et en Europe, cette pêche fait une partie du commerce de Québec—on en mange beaucoup à Louisbourg ; la façon la plus simple de les cuire est de les mettre détremper, ensuite les griller comme les anguilles fraîches, ou bien après qu'elles sont desallées, de les boucanner, c'est de les pendre à un clou saillant ou contre cœur de la cheminée, par le milieu à deux pieds environ au dessus du feu.

Pour lors la fumée, la flamme et la chaleur les pénétrant lentement, les font cuire à petit feu ; on les sert en sortant de là sans le moindre apprêt. Elles sont tendres et délicates, et la façon des Canadiens est de les couper avec des mauvais ciseaux, afin de ne point infecter un couteau qui y aurait touché.

***

**LE 25**

Embarqués à trois heures du matin, et suivis toujours la rive du Nord.

Passez par le travers de la paroisse des Ecureuils. Vers plus loin un moulin à scie, établi à la chûte d'un ruisseau dans le fleuve.

Au delà est un vallon que parcourt la rivière de Jacques Cartier, à gauche de son débouché sont deux maisons, et environ à cent toises en deça est la roche de ce nom. Beaucoup plus près de la Rive du Nord que de celle du Sud, elle découvre dans les marées ordinaires, mais dans les hautes, elle ne paraît point ; il faut s'en défier.

*Na.*—Ce Jacques Cartier passe suivant la tradition du pays pour le premier navigateur qui a découvert le Canada ; son batiment se brisa contre la dite roche et contraint de mettre à terre avec son équipage, il hiverna le long de cette rivière, et y en construisit un autre.

On estime une lieue de l'Eglise de Neuville à celle des Ecureuils, et autant de cette dernière à la d$^{te}$ Rivière.

A deux lieues au dessus de cette rivière est le Cap Santé, au sommet duquel est batie l'Eglise de la paroisse de Portneuf, après l'avoir doublé environ deux cents toises, l'on traverse le fleuve pour se porter à la rivière du Sud. L'endroit où l'on aboutit se nomme le Platon, il y a une maison située sur une grève que le fleuve par succession y a établi sur un lit de rochers.

La traversée du fleuve est estimée à ¾ de lieues.

*Na.*—L'endroit de ce Platon est connu de tous les voyageurs, par les mesures que l'on y prend pour traverser le Richelieu dont on parlera cy-après. On y attend le vent favorable, la marée montante, ou un éclaircy pour éviter les roches qui en rendent le passage dangereux.

De Québec au dit Platon il y a 12 lieues.

Au delà cotoyé la Rive du Sud à la distance de 7 à 8 ts. C'est un rocher à pic qui la forme ; il s'étend jusque vis-à-vis l'ancienne église du village de Lotbinière, sur plus de 60 pieds d'hauteur.

Parvenus à la ditte église à marée montante, on se mit à traverser le dt. Richelieu, les bâtiments à la voile tiennent le milieu du fleuve, et rangent en montant un rocher qui ressemble à une petite Tôle baissée qu'on laisse à bas bord, les chaloupes, les canots et les petits batteaux cotoyent toujours la dte. Rive du Sud avec attention d'éviter les rochers qui découvrent à mesure que la marée baisse ; quand elle est totalement tombée, les courants y sont si rapides qu'on ne saurait remonter le fleuve.

Notre batteau rangea toujours les terres environ à 80 ou 100 toises, on le conduisait prudemment pour ne pas toucher aux rochers. On en apperçoit une si grande quantité à marée basse qu'on ne peut s'imaginer y avoir passer sans échouer.

Le Richelieu traversé, l'on parvient en suivant toujours la rive du Sud, vis-à-vis le saut à la biche ; c'est un petit ruisseau qui se précipite en formant une nappe d'eau, du haut des terres, dans le fleuve, à 6 ou 7 toises de là, mis à terre pour attendre le retour de la marée, et dîné chez le Sr Créqui habitant et lieutenant de la milice. Environ à 100 toises au delà de sa maison, on bâtit la nouvelle église du dit village ; nous y arrivâmes à neuf heures du matin, et en partîmes à cinq heures du soir, que la marée commençait à monter, néanmoins en touchant et même échouant de distance à autre sur les Roches. Le plateau qui en est plein est si étendu et si considérable que pour les éviter on s'éloigne de plus de 4 à 500 toises des terres.

*Na.* —vis-à-vis l'habitation du dt. Créqui les eaux du fleuve ne rencontrent que quatre pieds lors du reflux de la marée, et cette crue ne dure que quatre heures, de manière que plus on pénètre le fleuve, moins on en sent l'effet.

Il est étonnant à marée totalement basse combien cette batture de Richelieu s'étend vers le milieu du fleuve ; aussi un homme de l'équipage n'était occupé qu'à découvrir les roches, heureusement qu'à mesure que la mer reflue on s'en trouve débarassé. Nous apperçumes dans le milieu du chenail une goëlette qui était mouillée en attendant la marée pour continuer sa route vers Montréal. En cotoyant toujours la dt. rive l'on passe devant un ruisseau, et plus loing devant, le cap du chêne. Tout joignant débouche la rivière de ce nom d'un vallon qui est habité.

*Na.*—depuis la nouvelle église de Lobbinière jusqu'à la dite rivière les bords du fleuve sont moins élevés et moins escarpés.

Au delà, en cotoyant la dite rivière du Sud, qui se trouve formée d'un roc à pic de plus de 80 pieds de haut l'on parvient à la petite rivière du Chêne ; elle sort aussi d'un vallon resserré entre deux montagnes, et son cours n'est guère que de 4 lieues.

On monte cette rivière environ une 20ne de toises, pour mettre à terre vis-à-vis une habitation établie sur la gauche de son cours. C'est l'unique, ainsi il n'y a point à choisir ; on y descendit pour loger et pour souper.

Il avait fait tout le jour ainsi que les précédents une chaleur excessive, et telle qu'on ne ressent que dans les pays les plus méridionaux de l'Europe : le frais de la soirée et la beauté du paysage, qui quoique sauvage présentait mille objets que la nature s'est diverti à former, m'invitèrent autant que les eaux claires de cette rivière à me baigner ; l'un de nos messieurs fût du même avis ; ainsi nous entrâmes dans l'eau en marchant sur un *platier* de sable qni allait insensiblement en pente vers le milieu du fleuve ; nous y restâmes une bonne demie-heure, mais non sans beaucoup de regrets après, attendu qu'au retour notre hôte nous dit que les eaux de cette petite rivière donnaient la gale. Heureusement que nous nous étions éloignées du mélange de ses eaux avec celles du fleuve ; nous en umes quittes pour la peur.

On estime du platon à l'ancienne église de Lobbinière une lieue et demie—de la ditte église à la nouvelle, autant—de la nouvelle église à la grande rivière à Duchêne une lieue ;—et autant de cette grande rivière à la petite de ce nom—partant du dit Platon à la petite rivière à Duchêne cinq lieues. La marée en cet endroit y soutient encore les eaux de trois pieds et demie.—Du dit endroit à la ville des Trois Rivières, on compte dix lieues.

***

LE 26

Sorti à huit heures du matin de la petite rivière à Duchêne à marée montante par un brouillard épais, traversé à son débouché un platier, cotoyé les terres du Sud ; les bords sont fort élevés et boisés. Vû plusieurs habitations à leur sommet ; quelques sentiers qui descendent du haut des terres au fleuve, et au bas plusieurs cajeux flottants chargés de bois pour Québec. Doublé le cap Lauzon, et plus loin apperçu l'église de la paroisse de Déchaillon bâtie au sommet des terres; au delà doublé trois pointes. Les canotiers mirent à terre un peu au dessus de la première pour tirer à la cordelle. Passé devant le moulin à scie du Sr. l'Evrat établi sur un ruisseau—ce ruisseau est marqué à la carte—qui tombe par cascades du sommet des montagnes. Continuant toujours à la cordelle, parvenu au Cap St. Claude au dessus duquel est l'église de la paroisse à Becquet.

On estime de la petite rivière à Duchêne au dit cap, quatre lieues et demie.

Ce cap est l'endroit le plus ordinaire où l'on traverse le fleuve, pour se porter à la rive Nord ; le vent était pour lors sud-ouest forcé—les eaux violemment agitées formaient des lames qui exigeaient de l'attention pour s'en garantir, d'ailleurs le temps menaçait d'un orage. Les éclairs et la pluie qui commençaient l'annonçaient des plus violents ; tous ces petits contretemps firent hésiter si l'on passerait. Enfin après plusieurs raisonnements pour et contre, réflexions faites que nous pourrions arriver aux Trois Rivières le soir, et qu'une pluye abondante pourrait calmer les eaux, on s'y détermina de manière que rentrés à bord on se mit à nager et à chanter. Grosse pluye survint accompagnée de coups de tonnerre effrayants. Forcé de rames, embarqués plusieurs lames, mouillés jusqu'à la chemise faute d'un prélat à mettre dessus le tendelet. Enfin arrivés de l'autre coté vis-à-vis l'habitation de Md. Mongrain dépendante de la paroisse de Batiscan.

Employé cinq quarts d'heure dans cette traversée qu'on estime de trois quarts de lieue.

*Na.*—En traversant le fleuve l'on monte toujours vers le courant pour se laisser dériver insensiblement vers l'endroit où l'on veut descendre.

Dinés chez la ditte dame Mongrain et embarqués à trois heures l'après midy, le courant était fort et le courant contraire à faire route, de manière que MM. Charly et Duplessis, doutans que nous puissions gagner la dte ville des Trois Rivières dans la journée prirent une calèche pour s'y rendre.

On se mit d'abord à ramer, mais la résistance était si forte qu'on n'avançait point; on prit le parti d'aller à la cordelle. L'on est toujours pour lors à la distance de trente à quarante toises des terres sur un pied et demi d'eau tout au plus. Doublés la pointe à l'Orignal, et passés à un bouquet d'arbres nommé le bois des quatre Sols.

A 200 toises plus loing le débouché de la rivière de Champlain.

A trois quarts de lieue au delà doublé une pointe au sommet de laquelle est l'église de la paroisse du nom de cette Rivière.

Et enfin arrivé chez le nommé Demarchez habitant de la ditte paroisse. Il était encore de bonne heure, mais le vent ne permettait pas d'aller plus loing; joignant sa maison débouche un ruisseau, et depuis l'habitation de la dite dame Mongrain jusqu'à celle-cy les terres sont basses, grasses et bonnes à la culture. L'on estime qu'il y a deux lieues d'un endroit à l'autre. La dite église de Chmplain est à peu près dans le milieu, et de ce dernier endroit jusqu'aux Trois Rivières, il n'y a que quatre lieues.

## Le 27

### DES TROIS RIVIÈRES

Embarqués à cinq heures et demi du matin, passé devant le débouché du ruisseau mentionné cy-devant, marché à la cordelle, jusqu'à l'endroit nommé le bois brûlé; au delà reprit la rame, et plus loing vu le débouché de la rivière aux Anes.

*Na.*—Depuis l'habitation du dit Démarché jusqu'à cette rivière on estime une lieue et demie.

Le fleuve vis-à vis la dite rivière est considéré large de trois quarts de lieue, et à peu près vis-à-vis de l'autre coté du fleuve est le village sauvage de Bécancourt, enfoncé de deux lieues dans les terres et dont il sera fait mention cy-après.

A 200 toises au delà de la dite rivière aux Anes, est un endroit nommé Provenché. On remit à la cordelle; passés devant le Cap de la Magdeleine, au sommet duquel est bâtie l'église de la paroisse de ce nom.

Plus avant rien de remarquable; l'on passe par le travers de deux iles des quatre qui forment les trois débouchés de la rivière de St. Maurice dans le fleuve St. Laurent. Le plus large et le plus considérable cotoye les terres de l'Ouest de cette rivière, le courant y est beaucoup plus rapide qu'aux deux autres. Ils forment ensemble en avant de la tète des dites Isles une batture de sable. Ces iles sont boisées et le fleuve vis-à-vis est réduit à mille ou onze cent toises. Mis à terre au delà de la rive du Nord pour monter à la ville des Trois Rivières; il était dix heures du matin.

Les terres y sont sablonneuses, extrèmement élevées. Après avoir monté la rampe, je trouvai au sommet le gouverneur, le lieutenant du roy, le major et le garde magasin faisant les fonctions de subdélégué. J'étais chargé d'une lettre de Mr. Prévost, ordonnateur à Louisbourg, pour ce dernier. Il l'engageait de me recuillir et de me recevoir. Mais inutilement: Mr. le Gouverneur voulut absolument me conduire chez lui; il fallut céder à ses instances. Y arrivé, je fus présenté à madame son épouse, qui par parenthèse est une personne des plus accomplies tant par la figure que par l'esprit. Elle est d'ailleurs pleine de grâces et de politesse; après les premiers compliments, l'on me fit passer dans l'appartement qui m'était destiné, d'où arrangé et décrassé je fus rejoindre la compagnie. L'on ne tarda pas ensuite de passer dans la salle à manger. Il y avait une table de vingt couverts servie, je ne dirai pas comme à Paris, d'autant que c'est l'endroit où j'ai vécu le plus frugalement, mais bien avec la profusion et la délicatesse des mets des meilleures provinces de

France. On y bût toutes sortes de vin, toujours à la glace ; jugez du plaisir par le chaud excessif qu'il faisait.

Après le diner, fait une partie de cadrille, et ensuitte sorti pour voir la ville.

Nous parcourûmes les vestiges de l'enceinte brûlée, les quarante cinq maisons et le couvent des Ursulines consommé par l'incendie du 19 au 22 mai de cette année. Il a été si considérable pendant trois jours qu'on eût toutes les peines du monde d'arrêter le feu ; on détenait dans les prisons des soldats soupçonnés de l'avoir mis ; une femme seulement y a péri.

Visité ensuite les Récollets qui sont curés de la ville et les dites dames Ursulines qui étaient réfugiées chez les Pères ; elles portent une croix d'argent sur l'estomac, sont chargées de l'hopital militaire et tiennent des jeunes filles en pension ; elles étaient fort affligées et dans l'embarras de trouver un asile honnête ; ces bons pères les avaient retirées, et depuis sentant que leur maison était trop petite pour qu'ils demeurent ensemble et pussent reprendre leurs fonctions à tout égard, galamment ils la leur ont cédée toute entière et se sont retirés dans une autre particulière.

A la sortie de cette maison religieuse, nous fûmes à l'Église de la paroisse ; elle est bien bâtie, grande et bien ornée ; il y a entre autres choses remarquables, une chaire d'une sculpture des plus fines et des plus recherchées.

Avant l'incendie, les soldats des quatre compagnies qui tenaient garnison étaient répandus chez les bourgeois, mais depuis, vu l'impossibilité de les loger, l'on en a détaché deux chez les habitants de la campagne, et les deux autres ont été placées dans des cabanes de charpente que l'on a construit sur les bords du fleuve.

Le Gouverneur se nomme Mr. Rigaud de Vaudreuil ; il est frère du Major des Gardes.—Madame de Rigaud est fille de M. de la Gorgendière, homme riche et directeur de la compagnie des Indes, pour le castor, à Québec.

Le Lieutenant du Roy, Mr. de St. Ours. Le Major, Mr. de Noyelle. L'aide-Major, Mr. de Ganne. Et le garde-magasin, Mr. de Tonnancour, homme fort riche, d'une belle figure et de beaucoup d'esprit; sa femme est sœur de Madame Prévost dont on a parlé cy-dessus.

Le Gouverneur est logé dans une maison appartenante au roy, bâtie à titre de magasin, que par arrangement et de bienséance Mr. l'Intendant veut bien lui céder; son revenu est de 1000 livres au plus. Cela ne suffit point d'autant que cette ville étant située à moitié chemin de Québec à Montréal, sa maison est le rendez-vous de tous les passagers, et il est si honorable et si généreux, qu'il y reçoit le petit comme le grand.

C'est en cette ville, où l'on fabrique le mieux les canots d'écorce; j'ai été en voir un chantier. On y en travaillait un de huit places; il était de 33 pieds de longueur, cinq de largeur, deux et demie de hauteur, et du prix de 300 livres. A mesure qu'ils sont faits on les envoye à Montréal; ils sont destinés pour les voyages des pays d'en haut, tant à porter les troupes que les vivres et marchandises; l'ouvrier qui les fait ne veut pas dire son secret, c'est à dire la façon dont il s'y prend pour déterminer la courbure des deux extrémités. Il y en a bien un autre qui s'en mêle, mais il ne réussit pas si bien. Le premier en fait une si grande quantité qu'il touche du roy tous les ans plus de 6000 livres; ce sont des femmes et des filles qui les travaillent; ils sont totalement construits d'écorce de bouleau avec des varangues arrondies que l'on employe au lieu de courbes; elles sont de bois de cèdre ou de sapin, de deux lignes d'épaisseur au plus, et de trois pouces de largeur, et les coutures, recouvertes de gommes de sapin sont impénétrables à l'eau, mais il faut aussi éviter les roches.

On estime de Québec aux trois rivières vingt sept lieues et trente des trois rivières à Montréal. Cette ville à ce qu'on prétend est l'endroit du premier établissement des Français au Canada, et aujourd'hui c'est le plus négligé. La grande route par terre y passe, soit qu'on voyage en calèche, à cheval ou autrement. Pendant le séjour que j'y fis le Gouverneur me fit les honneurs de la haye aux postes, et de donner l'ordre au major. Cela me surprit, mais j'appris que comme j'étais revêtu du grade de Colonel, ce premier honneur m'était dû d'autant qu'il y avait ordre de le rendre aux

Capitaines de vaisseaux qui n'en avaient que le rang. Quant à ceux de l'ordre c'était de politesse, et une suitte des premiers.

Des différentes conversations que j'eus avec le Gouverneur sur cette ville, sur ses facultés, sur son commerce et sur ses propriétés, j'ai formé le mémoire envoyé à la Cour. Si l'on veut avoir une plus grande connaissance de cet endroit il n'y a qu'à le lire ; il est fidèle, on peut y compter, et ne considérer tout ce narré que comme supplément fait pour m'amuser.

Entre autres objets que nous agitâmes, nous discourûmes sur le moyen d'accroître les établissements, et le nombre des habitants; nous pensâmes et convînmes que des trente compagnies que le Roy entretient dans cette colonie, il n'en faudrait que deux à Québec, autant à Montréal et une aux Trois Rivières et répandre les autres chez les habitants de la campagne. Le Roy y gagnerait la dépense du bois de chauffage, celle de la fourniture des cazernes, celle de la dépense de leur construction dans les endroits où on en propose, et les frais du transport de l'eau aux soldats. D'ailleurs étant logé chez les habitants, ils y contracteraient des habitudes, qui leur donneraient connaissance de la culture des terres, deviendraient amoureux de la femme, de la fille ou de la servante, d'où s'en suivraient des mariages bien ou mal assortis qui concoureraient toujours à l'établissement du pays.

## LE 28

### DES FORGES ST. MAURICE.

*Le mémoire à la Cour en fait mention plus amplement.*

M. Bigot, intendant de la Nouvelle france, résident à Québec, m'avait recommandé de visiter les forges de St. Maurice, en ajoutant que l'établissement était considérable et que je serais bien aise de les avoir vûs pour être en état d'en rendre compte ; et qu'en séjournant aux trois rivières, je pourrais m'y rendre en moins de deux heures; a quoy consenti, j'en prévins Mr. Rigaud, qui eut la complaisance de dire qu'il m'accompagnerait.

Sorti des trois rivières à cinq heures du matin, avec MM. Rigaud, Tonnancour et tous mes compagnons de voyage que M. de Rouville directeur des dittes forges, arrivé de la veille en ville pour m'engager à ce petit voyage, y avait invité.

En sortant de la ville, le chemin est beau, large et sablonneux; il y a une maison bâtie dans son milieu qui masque le coup d'œil de son avenue. Environ à cent toises au delà, l'on monte à droite une petite hauteur, d'où traversé une plaine, ensuite un bois.

L'on arrive à sa sortie aux dittes forges, ce bois est brûlé en partie; d'ailleurs il est dépouillé de tous les arbres propres à la charpente, il n'y reste que du taillis et du sapinage. Vu dans la traversée plusieurs tourtes et perdrix, et quelques éclaircis de prairies; à l'extrémité du chemin, pour descendre à St. Maurice, lieu où sont les dittes forges du Roy est une rampe qui conduit à un ruisseau que l'on traverse sur un pont de bois d'où l'on se rend au logement du directeur.

Après le cérémonial du premier accueil de lui, de sa femme et des autres employés, on se porta d'abord sur le ruisseau. Il descend des hauteurs du bois, est traversé de trois digues jusqu'à son confluent qui forment autant de chutes; la première digue soutient les eaux pour le service de la forge située en dessous, au delà est la seconde, où ces mêmes eaux appuyées font aller un martinet, et plus bas, est la troisième qui retient de nouveau les eaux pour l'utilité d'un semblable martinet; de là ce ruisseau va se confondre dans la rivière de St. Maurice, qui débouche comme on l'a dit dans la journée précédente par trois chenaux dans le fleuve St. Laurent.

*Na.*—Qu'à chacune des retenières est une décharge aux eaux pour évacuer lors des grandes crues le superflux au service des dittes forges.

La forge et les deux martinets qui font l'objet de cet établissement sont situés à la rive gauche de ce ruisseau. L'on estime, eu égard à l'abondance de ses eaux, à leur force occasionnée par la raideur de leur pente qu'on pourrait établir deux autres semblables martinets à sa rive droite, et même un troisième entre la dernière digue et la ditte rivière.

Les logements affectés aux logis des ouvriers sont scitués sur le même côté des forges, mais un peu éloignés ; ils sont plantés ça et là sans aucune symétrie, ni rapport de l'un à l'autre. Chacun a son logement isolé et particulier, de manière qu'il y a une quantité de maisons ainsi que de couverts et appentys pour magasins aux forges au charbon et au feu, et d'écuries pour les chevaux dont l'entretienement par économie doit constituer une grande dépense. Le principal batiment est celui du directeur. Quoique grand il ne suffit pas à tous les employés qui ont droit d'y loger ; il en couterait moins au Roy si tous les autres étaient rassemblés de même, néanmoins distribués en logements différents tant pour la commodité de chacun que pour l'aisance du service.

Entrés ensuite dans la forge affectée à la yeuse ; on me fit la galanterie de couler un lingot d'environ quinze pieds de longueur sur six et quatre pouces de grosseur. Il n'y a pas grande cérémonie à cela quand la matière est prète ; on ne fait qu'enfoncer une espèce de tampon, et pour lors elle coule dans un canal formé entre deux petites digues de sable.

Après cette opération, l'on me montra des poëles sur du sable, prêts à être coulés dans l'instant.

L'un des ouvriers fût prendre une cuillerée de matière et la renversa bien doucement d'abord dans le creux du dessein, et ensuite jusqu'à la hauteur des bords, de manière que le dessous étant en bosse, le relief se trouve formé. Ces poëles se font par parties, il faut 6 pieds pour un seul, elles sont coulées sur des dimentions si précises qu'étant montées elles se joignent parfaitement. Les plaques pour les cheminées se font de même que les poëles ; leurs moules à l'un et à l'autre sont établis sur une table posée bien horizontalement, et élevée de deux à trois pieds d'hauteur de façon que l'ouvrier n'est point gêné à les travailler.

L'on m'invita ensuitte de passer dans un petit réduit où étaient plusieurs moules de pots, de marmittes et d'autres ouvrages arrondis, ils sont d'une construction différente des autres, ce sont des figures cubiques, quarrés en tous sens, contruits en bois en forme de chassis, contenues aux angles par des équerres de fer, et revêtus en maçonnerie d'une brique d'épaisseur. On en coula dans le moment de trois espèces en notre présence; on ne voit point comme aux ouvrages précédents fluer la matière dans les moules, mais l'on doit aisément se figurer comme elle s'y répand dans l'intérieur pour former la figure que l'on désire. Il ni a d'autres attentions à prendre à la fabrique de ces sortes d'ouvrages que d'avoir une cuiller assez grande pour contenir la matière nécessaire à la formation de chacun, ou si elle ne suffit pas d'en tenir une autre toute prête pour continuer la liaison.

A la sortie de la forge, entrés dans un des martinets, ensuite dans l'autre, on n'y fait que du fer battû de différente grosseur; il m'a paru que les ouvriers le travaillaient avec la même célérité qu'en france, et dans chacun de ces trois endroits ils observent la cérémonie de frotter les souliers aux étrangers pour avoir de quoy boire;

Cet établissement est considérable; il y a au moins 120 personnes qui y sont attachées. On ne brûle dans les fourneaux que du charbon de bois que l'on fabrique à une distance un peu éloignée de l'endroit, la mine est belle, bonne, et assez nette; ci-devant on la tirait sur les lieux, mais aujourd'huy il faut l'aller prendre à deux ou trois lieues de loing.

La régie de ces forges se fait par économie.

L'on doit sentir de là qu'en égard à la multiplicité d'objets de dépense, s'il n'y a pas un homme à la tête entendu, droit et désintéressé, il peut s'y commettre bien des abus.

Entre autre employé, le Roy y entretient un recollet à titre d'aumonier.

Le fer est estimé au dessus de celui d'Espagne. Il se débite à Québec dans les magasins du Roy au prix de 25 à 30 le cent pesant et il m'a été assuré que sur le régistre de la vente, il n'y était porté qu'à 12.10.

Si l'on veut une plus grande connaissance de ces forges, il n'y a qu'à lire le mémoire envoyé à la Cour; on y verra la forme du payement des ouvriers, et les fonctions des employés, on ne saurait icy rien ajouter de plus, sinon que de répéter que le privilégié pour le débit des marchandises coûte au Roy pour son logement, son bois, son luminaire et ses gages plus de mille écus, et que si on mettait ce poste à l'enchère, il m'a été assuré que sa majesté au lieu d'être tenu à cette dépense en tirerait cent piastres tous les ans.

Après avoir visité tout ce qu'il y a de remarquable à cet établissement dont l'endroit montagneux quoique défriché conserve encore un air sauvage, nous rabbatîmes chez M. de Rouville, directeur, où nous dinâmes splendidement et en partîmes vers les cinq heures du soir, discourûmes beaucoup, chemin faisant sur la forme de sa régie, qui ne saurait être que très onéreuse au Roy.

A notre arrivée aux Trois Rivières, descendu chez Mde. Rigaut, et de là soupé avec toute la compagnie chez Mde. de Tonnancour.

On estime des Trois Rivières aux dites forges trois lieues ; néanmoins nous en fîmes le voyage en cinq quarts d'heures.

## LE 29

Sortis des Trois Rivières à quatre heures du matin. Nos canotiers y avaient reçu suivant l'usage ordinaire un supplément de vivres ; il consiste en un once de tabac à fumer, un misérable d'eau de vie, un quart de lard et en une demie livre de pain, de manière que gais, gaillards et d'ailleurs reposés, ils promirent de nous mener en moins de trois jours à Montréal ; tout notre monde s'embarqua ; il n'y eut que moi qui ne put résister aux instances que M. de Tonnancour me fit de me conduire en calèche jusqu'à la pointe du lac St. Pierre, endroit où nécessairement le batteau devait passer ; on ne fait depuis la ville que cotoyer les côtes du Nord ; il n'y a rien de remarquable au fleuve qu'un plâtier fort étendu, et semé de roches vis à vis la dite pointe ; il faut s'en défier et gagner le large pour ne point échouer : quand à nous nous ne fîmes en calèche que suivre le chemin de la grande routte de Québec au dit Montréal ; il règne le long du fleuve et laisse dans cette grande partie les habitations sur la droite un peu enfoncées dans les terres ; elles y sont moins fréquentes que dans la partie d'en deça des trois rivières ; parvenu à la ditte pointe du lac j'apperçus des maisons bâties uniformément et assujetties à des allignements, il y en avait déjà neuf : surpris de cette régularité, mon dit sieur de Tonnancour me dit que c'était luy qui les faisait construire à ses dépens et sur un terrain à lui appartenant pour y réfugier des sauvages errans et vagabonds, entr'autres des Algonquins, qui, pour assassinats commis ont abandonné le village de leur nation ou s'en sont éloignés par esprit de libertinage. Tous les sauvages en général sont mauvais dans l'ivresse, ils attaquent, maltraitent et tuent indifféremment parents et amis, de façon que ceux qu'on est dans le dessein d'attirer dans cet endroit sont un composé de gens chargés de meurtres ou de crime de poligamie, d'autant qu'il est tout ordinaire parmi eux, lorsqu'ils s'ennuient d'une femme de la quitter pour en prendre une autre. Quand un sauvage en a tué un autre, il ne peut retourner dans son village qu'après que la parente du défunt est appaisée par la mort d'un parent de la famille de l'assassin. Le projet de mon dit sieur de Tonnancour est d'augmenter le nombre des maisons, à mesure que des sauvages se présenteront. Comme il est seigneur du lieu et riche, il le pourra avec facilité ; il fera même construire une église à mesure qu'il leur remarquera des dispositions à s'y fixer : indépendamment des sauvages algonquins il compte aussi d'autres Têtes de Boules et Montagnais.

Les premiers sont nommés tels pour avoir la tête ronde ; ils ne sont nulle part envilagés, sont assez nombreux et habitent pour l'ordinaire entre la rive du nord du fleuve et le Labrador fréquenté par les esquimaux.

*Na.*—Qu'on n'a aucun commerce avec ces esquimaux—qu'on ne peut les humaniser—qu'ils sont voleurs, traîtres et antropophages — on aura peut être occasion d'en parler plus amplement par la suitte.

Les autres nommés Montagnais sont aussi errans, sans demeure fixe, et habitent la partie d'entre le fleuve et la baye d'Hudson ; on nomme ces sauvages ainsi que les têtes de boules communément Gens de Terre ; ils se portent au loin pour la chasse ; quelques uns traitent de leurs pelleteries avec les postes répandus le long de la rive du Nord du fleuve depuis Québec jusqu'au delà d'Anticosty ; il y en a même qui vont jusqu'au détroit de Belle-Isle, mais assez communément ils viennent aux Trois Rivières, plusieurs même y ont leurs habitations à portée dans les bois, leurs femmes y restent pendant qu'ils sont en chasse, de manière qu'ils les y réjoignent et se défont de la plupart de leurs pelleteries en faveur des habitants de cette ville. C'est ordinairement avec le sieur de Tonnancour qu'ils en traitent, comme il parle leur langue, qu'il est entendu à ce commerce et en état de leur faire des avances, il s'en attire la préférence, et c'est en vue d'augmenter cette traite qu'il se constitue en frais pour l'établissement de ce nouveau village qui fera partie de la paroisse de Tonnancourt.

On raisonne différemment sur ce nouvel établissement, cependant quoiqu'on en dise pour le combattre, je suis d'avis qu'on ne saurait trop attirer de sauvages à notre voisinage, d'autant que quoique ceux-cy ne soient qu'un composé de brigands, comme ils originaires de plusieurs nations différentes avec lesquelles ils entretiennent toujours liaison en s'y présentant tous les ans, on pourra plus aisément être informés des entreprises qu'elles pourraient tramer.

Au delà de cet établissement, parvenu à deux moulins, l'un à grain, l'autre à scie, établis sur un ruisseau. Ils sont solidement construits, les eaux y sont retenues par une digue revêtue en maçonnerie. Il est aisé de distinguer par les dépenses qu'on y a faites qu'ils appartiennent à un homme riche ; tout auprès, est l'église de la paroisse du dit Tonnancourt, et à un quart de lieue sur la gauche l'on joint l'anse du fonds du dit lac St. Pierre à l'endroit d'un cabaret établi sur le bord de l'eau, où les sauvages et canotiers qui ne respirent que l'eau de vie, s'arrêtent pour en boire. On estime cette maison éloignée d'une demie lieue de la dte. pointe du Lac, et 3½ des trois rivières ; c'était l'endroit indiqué pour le rendez-vous de notre batteau.

Il ne nous y joignit qu'un quart d'heure après notre arrivée ; les bords de cette anse sont si plates que le batteau ne peut en approcher plus près de 250 toises, il fallut l'aller joindre en calèche, où pris congé de mon dit Sieur de Tonnancourt, nous continuâmes notre route toujours à la vue des terres.

Passés devant la pointe d'Omachis, seigneurie avec rivière qui en débouche et l'église que l'on découvre. Cette pointe est extrêmement saillante ; au delà vû celle et le débouché, de la rivière du Loup du nom d'une paroisse avec église que l'on apperçoit au dessus. On estime de la d$^{te}$ pointe du Lac à celle du Loup à 4 lieues.

*Na.*—Ce lac est formé par le fleuve ; sa largeur de la rive du Nord à celle du Sud est de 3 lieues et sa traversée en longueur est de 7 lieues ; les canots et batteaux cotoyent toujours la rive du Nord, et le chenal pour les bâtiments est dans le milieu, néanmoins plus près de la rive du Sud que de celle-cy.

A deux lieues plus loing de cette dernière pointe, doublé celle de Masquinongé, avant d'y parvenir l'on passe vis-à-vis le débouché de la rivière, et l'Eglise de la paroisse de ce nom.

*Na.*—Le lac St. Pierre est considéré se terminer à cette dernière pointe. Avant d'y arriver est la grande baye de son nom.

Au delà du dt. Lac, entré dans le chenal nommé le petit passage scitué entre la terre du Nord et les isles à l'Aigle, aux Grenouilles, et aux Vaches,—ces trois iles quoique séparées par des chenaux sont si serrées qu'elles semblent n'en former qu'une,—il est large de trois à quatre cents toises. On laisse une quantité d'iles sur la gauche, on estime leur traversée en montant le fleuve de 4 lieues, on en compte 39 à 40 grandes et petites, plusieurs des premières sont habitées comme celle du Pas de St. Ignace et du Castor, les autres sont plus ou moins cultivées. Il n'y a guerres que les dénommées qui soient en valeur ; les dernières au rapport des gens du pays sont basses et aquatiques, néanmoins toutes boisées de même ; mis à terre pour diner chez la fille à la fosse, son mari se nomme Dupuy, et son habitation est de la paroisse de Masquinongé.

Environ à 200 toises au delà la dite maison, traversé le chenal pour longer la rive du Nord de l'Ile au Castor, apperçu à celle du fleuve le débouché de la rivière à Chicotte et à peu près vis-à-vis une maison sur la dite ile ; vû au delà celle Radeau, située à la suite de la précédente, elle sert de commune au village de Berthier. Entrés ensuite dans le chenal d'entre deux autres, d'où rejoint la grande terre, doublé la pointe de la seigneurie d'Autray, et de là, couché chez le nommé Lafontaine. Il était neuf heures du soir quand nous y arrivâmes

**LE 30**

Sortis de chez le dit Lafontaine à quatre heures du matin par un vent forcé de Nord-Est. Le fleuve nous y parut large de 400 toises seulement entre la rive du Nord et celle opposée de l'Isle Dupas.

Au delà passés l'isle de la Valterie et la terre du Sud du fleuve, et plus loing rangés le même côté d'une autre petite isle de ce nom.

Apperçus à la grande terre du Nord l'Eglise de la Seigneurie d'Autray, celle de la Ronaye, et celle de la paroisse de la Valterie, et à la terre du Sud, découvert la montagne de Chambly dont il sera parlé cy-après.

Plus loing cotoyé la dte. rive du Nord, et mis à terre à neuf heures du matin pour entendre la messe vis à vis un cabaret scitué à cent pas de l'Eglise de la paroisse de St. Sulpice.

*Na.*—Depuis la pointe du lac jusqu'aux limites de la paroisse de la Valterie, les habitations n'y sont point si fréquentes que dans la partie d'au dessous. Le pays y est plus boisé, coupé, beaucoup moins cultivé, et plus ingrat ; en dessous de cette paroisse il est plus découvert, redevient vivant et y reprend sa première beauté.

Entrés dans le dit cabaret, entamés un jambon pour déjeûner, mais avertis que la messe allait commencer, sortis pour l'entendre. En avant du portail de l'Eglise étaient plusieurs chevaux attachés à des piquets équarris de charpente, et plantés en quiconces. Curieux de savoir à qui ces chevaux appartenaient on répondit qu'ils étaient aux fistons des paroisses, que chacun d'eux y entretenait son piquet, qu'on nommait tels les jeunes gens qui dans leur accoutrement portaient une bourse aux cheveux, un chapeau brodé, une chemise à manchettes et des mitasses aux jambes, et avaient dans cet équipage droit de conduire en croupe leurs maîtresses à l'Église.

*Na.*—Les chevaux sont très communs en Canada. Pour le peu qu'un habitant soit à son aise il en nourrit un nombre pour la culture des terres et le transport des bois ; d'ailleurs chacun des garçons en âge d'être marié a le sien ; y eut-il dix enfants dans une maison, c'est autant de chevaux en sus de ceux nécessaires au service de l'habitation, et tous sont entiers, forts, et résistans à la fatigue.

Entendus la messe de paroisse plus longue que nous l'avons souhaitté ; de la retournés au cabaret dans l'intention de manger un morceau, mais un chien pendant notre absence s'était accomodé de notre jambon, rabattus sur du beurre et du pain, ensuite remis en route à onze heures du matin, cotoyés toujours la rive du Nord, passés entre l'Eglise de la paroisse de Repentigny et les îles de ce nom, et plus loing devant le débouché de la rivière des prairies, qui reçoit à la pointe de l'est de l'isle scituée à son confluent dans le fleuve celle de l'Assomption du nom d'une paroisse enfoncée dans les terres, et en dessus de la précédente.

*Na.*—Qu'on nomme rivière de Repentigny celle qui passe entre la grande terre du Nord et l'isle Jesus, et rivière des prairies l'autre d'entre la dite isle et celle de Montréal, que ces deux rivières accrues de celle dite de l'Assomption se confondent dans le fleuve sous le nom de celle des prairies.

Au delà rangés la terre du Sud de l'Isle de Montréal, passés devant l'Eglise de la paroisse de la pointe aux trembles et plus loing devant celle ditte longue pointe.

On estime de cette dernière Eglise à Montréal une lieue et demie.

A deux lieues en deça de cette ville sont les iles Rondes et de Ste. Hélène appartenant à Mr. le Baron de Longueuil ; cette dernière est bien cultivée, on y recueille des fruits en quantité, et de la même qualité qu'en France.

L'Eglise de Montréal appartient aux prêtres sulpiciens du séminaire établi en la ville de ce nom.

On estime la longueur de 15 lieues dont cinq depuis la pointe de l'Est jusqu'à la dite ville, et 10 au delà, jusqu'à la pointe de l'Ouest, elle comprend 9 paroisses, est extrêmement bien cultivée ; les terres y sont grasses, élevées et réputées les meilleures en Canada ; les habitants y sont généralement fort à leur aise, ils ne vont guère à pied, en été ils ont des calèches, et en hiver des traineaux, ils ont généralement tous des chevaux. Il est tout commun comme on l'a dit dans une maison d'y en avoir autant comme il y a de garçons ; ceux-ci ne s'en servent que pour finioler et faire la cour à leur maîtresse.

Arrivés à dix heures du jour à Montréal, mis à terre vis à vis la porte de la Canoterie, d'où allés à pied à l'intendance.

*Na.*--A mon départ de Québec Mr. l'Intendant était en partie de plaisir à l'Isle d'Orléans ; il m'envoya Mr. Péan, l'un des officiers de sa compagnie qu'il y avait attiré pour m'offrir sa maison.

Parvenus à l'intendance, reçu au mieux de la concierge. Mon lit était prêt, ainsi qu'un autre pour Mr. de Couagne. Mes compagnons de voyage s'en furent chacun dans leurs familles ; il n'y eut que le père Boniface à qui l'heure indue ne permit pas de chercher un gîte qui resta avec moy. La maîtresse du logis voulut bien le recevoir, mais le lendemain il fut se placer aux recollets.

## LE 31 JUILLET ET 1er AOUST

DE MONTRÉAL. — SÉJOUR A MONTRÉAL.

On a parlé si amplement de cette ville dans le mémoire envoyé à la Cour qu'on ne dira rien icy que ce qui peut avoir échappé sur les objets dont on a traité pour en avoir une parfaite connaissance.

Levé le lendemain de mon arrivée à cinq heures du matin, commencé une visite chés l'état major et chés une partie du beau monde dont cette ville est remplie.

Vu d'abord M. le Baron de Longueuil, Gouverneur particulier de la place ; c'est un homme d'environ 67 à 68 ans, extrêmement gros, et pesant dans sa santé, ne promet pas une longue suitte d'années. Il est honorable, veuf, chargé de quatre filles en état d'être mariées et de deux garçons.

Mr. D'artagnac, Lieutenant du Roy, fort vieux et plein de bon sens.

Mr. de Noyan, homme de 54 à 55 ans et de beaucoup d'esprit.

Deux aides-major.

Un capitaine des postes.

Mr. Varrin commissaire de la Marine et ordonnateur par le pouvoir que lui a donné Mr. l'intendant.

M. Martel, garde magazin, homme fort riche, et plusieurs personnes d'un certain ordre ; c'est peut être la ville de l'Europe proportionnellement à sa grandeur où il y a le plus de femmes et de filles. Le militaire qui y est nombreux y donne lieu, c'est la résidence de la pluspart des familles d'officiers, dont les chefs sont détachés pour le service. D'ailleurs tout le monde s'y marie jusqu'au dernier enseigne, et même un cadet à l'aiguillette y est considéré comme un parti avantageux.

On dira peut être qu'il est surprenant de voir des établissements de cette nature, souvent sans biens de la part d'aucune des parties, et fondés seulement sur des simples et petits appointements ; on répond à cela que l'espérance d'avoir un poste à commander y donne lieu. Indépendamment de la gratification ordinaire qui y est attachée, on y débite aux sauvages de l'eau de vie, quoique défendue, et toutes sortes de marchandises, sur lesquelles on gagne en échange des pelleteries au moins cent pour cent. Les meilleurs postes sont ceux connus sous le nom des pays d'en haut ; aussi communément un officier qui y a commandé trois ans, qui est le terme le plus ordinaire, s'en revient avec 30, 40 à 50,000 et même plus, ainsi qu'on va le dire cy-après.

Entre autres postes que le gouverneur général donne à exploiter est celui de la Baie des Puants. M. Marin, capitaine, qui en était pourvu, s'en revint l'année dernière avec 400 paquets de castors et 365 paquets de loutres de martres et de loups-cerviers, le tout estimé à 250,000. C'était la seconde année de son commandement ; la première n'avait pas moins produit, et pour le peu que la troisième soit de même valeur, il gagnera tout frais faits plus de cent mille écus.

Il est étonnant que le Roy laisse la disposition de ce poste, et autres semblables, au Gouverneur général, outre que le defunt Mr. de la Jonquière y avait intérêt, ainsi que Mr. l'Intendant et autres de la colonie, l'on choisit ordinairement l'officier le plus entendu à la traite des pelleteries avec les sauvages, et souvent le plus ignorant aux intérêts du service. Il arrive de là que le proposé s'en revient avec un air avantageux que lui donne la confiance d'être bien reçu de ceux dont il fait la fortune, qu'il s'orgueillit d'être enrichi, et se prévaut de son bien être pour primer sur ses camarades, s'en attire à la vérité la jalousie, est prôné à la cour pour être pourvu de grâces et de distinctions à l'exclusion des autres, d'ou s'en suit une animosiié dans le corps des officiers qui ne peut qu'être très-préjudiciable au service.

Mon avis serait que tous les capitaines détachés dans les postes de commerce fussent tous traités également. A cet effet il faudrait affecter les postes fructueux pour le commerce des pelleteries au corps des officiers qui les feraient exploiter par ceux d'entre eux que le Gouverneur général choisirait les plus propres au ménagement de leurs intérêts et au bien du service. Le produit de ces postes serait répandu sur tous les capitaines à raison d'une part à ceux qui seraient en garnison, de deux à ceux qui seraient détachés dans leurs postes de guerre où il ni a aucune sorte de commerce, et de trois parts à ceux qui régiraient les postes où se ferait la traite. Cet arrangement donnerait de quoy vivre aux officiers qui ne peuvent se soutenir sans intriguer beaucoup, et souvent en sortant de la décence de leur caractère. Ce système adopté, on pourrait refluer ce traitement sur les subalternes à raison d'une demie part d'un tiers, et d'un quart, à proportion des grades. On serait même encore assez d'avis d'étendre ce bénéfice sur les gens en place, d'autant que les appointements ne suffisent pas, pour leur procurer une vie qui puisse faire face aux bienséances de leur état.

Au retour des visites, entendus la messe, ensuite montés sur la grande batterie Royale cottée (I) au plan. L'objet de son établissement est moins pour battre la campagne qu'elle domine que pour faire le salut des entrées et y tirer du canon aux réjouissances publiques; de là parcourus une partie des ouvrages de l'enceinte, d'où dînés chez le Gouverneur et y passés toute l'après-midi.

Le lendemain continués nos visites jusque dans les maisons religieuses.

Vus les Jésuites; leur maison est à titre de résidence; ils n'y sont que trois pères et un frère ; le supérieur se nomme le père St. Pie.

De là j'entray aux Récolets. Le couvent est plus nombreux ; il est composé de cinq pères et de dix frères.

Entré ensuitte au seminaire de St-Sulpice, la maison est considérable et la plus riche du Canada. Le président se nomme Mr. le Morinaud; homme fort entendu et de beaucoup d'esprit. On y compte trente prêtres dont 14 résidens, et de 16 détachés dans les cures des paroisses qui leur appartiennent. Ils sont curés nés de la ville, et tous de la maison de Paris.

L'hôtel Dieu est de 30 à 35 religieuses chargées de l'hopital militaire.

Les sœurs de la congrégation de Notre Dame sont au nombre de 80, dont 30 à la ville, et les autres répandues dans la campagne; elles sont vêtues de noir, ne font que de vœux simples, de manière qu'elles ont la liberté de sortir quand bon leur semble ; cependant il en est peu d'examples; leurs principales occupations sont d'enseigner les jeunes filles et de travailler quantité d'ouvrages au profit et à l'utilité de leur maison.

Ces sœurs sont répandues le long des côtes, dans des seigneuries où elles ont été attirées pour l'éducation des jeunes filles; leur utilité semble être demontrée, mais le mal qui en résulte est comme un poison lent qui tend à dépeupler les campagnes, d'autant qu'une fille instruite fait la demoiselle, qu'elle est maniérée, qu'elle veut prendre un établissement à la ville, qu'il lui faut un négociant et qu'elle regarde au dessous d'elle l'état dans lequel elle est née. Mon avis serait de ne souffrir aucun établissement nouveau de ce genre, et même, s'il est possible, de faire tomber ceux qui subsistent, affin d'obliger les enfants à se contenter de l'instruction de leur curé pour la religion, et de ne prendre aucuns principes qui les détournent du travail de leur père; par ce moyen les habitations augmenteront au lieu de diminuer, et la culture des terres se poussera avec plus de vigueur.

Les sœurs grises, nommées telles, établies hors de la ville, ne sont proprement que des filles libres assemblées pour la direction d[illegible] [illegible]e œuvre, pour servir les pauvres en lieu et place des frères Charons qui en étaient chargés cy-devant; jusqu'à présent elles ne sont guères que 7 à 8, ne font point de vœux et ne sont agréées ni du pape ni du roy. Il serait, je crois, à propos, avant que leur monde augmenta, de déterminer leur état, leurs fonctions et leurs sujetions auxquelles elles seront tenues, affin d'éviter par la suitte les représentations et les changements que ces sortes de maisons pieuses ne proposent que trop communément à leur profit, lorsqu'elles deviennent riches.

*Na.*—Ces sœurs grises ne sont proprement qu'un composé de jeunes veuves ou filles que la piété ou l'envie de secourir les malades ont assemblées en lieu et place des frères Charrons qui les déservaient cy-devant; une d'entre elles, la plus recommandable par ses vertus et peut être par ses facultés, est reconnue la supérieure. Elles s'y soumettent toutes jusqu'à présent à ses ordres; il est vrai que l'établissement est nouveau, mais qui répondra qu'à l'avenir on trouvera la même docilité dans les sujets qu'on y recevra, mon avis serait, pour prévenir les inconvénients dont un établissement semblable peut être susceptible, qu'on y attire de France des sœurs de la charité; on serait assuré du service des malades, d'une régie profitable aux intérêts de la maison, d'autant qu'on aurait rien à craindre de leur zèle et de leur vocation.

Mes visites achevées, dinés encore chez le baron de Longueuil, et retirés chez moi de bonne heure pour arranger, de concert avec M. Varrin, le petit voyage que je préméditais faire le lendemain au village du Sault St. Louis et à celui du lac des deux montagnes ; il voulut bien se charger d'ordonner tout ce qui convenait pour l'expédier promptement.

Au retour de ce petit voyage, mon dessein est de rabattre en cette ville pour achever de discourir sur tous les objets qui l'intéressent, et dont je n'ai pu prendre une parfaite connaissance pendant les deux jours que j'y ai resté.

## LE 2 AOUST

### VILLAGE DU SAUT ST. LOUIS.

*Le mémoire à la Cour fait mention de ce qui peut être échappé icy.*

*Na.*—Entr'autres arrangements que M. Varrin avait ordonnés pour mon voyage, il avait chargé un habitant du village de la chine de me tenir un diner prêt à mon arrivée, et affin de n'être point obligé d'y attendre mon batteau et m'éviter la peine de contourner l'isle St. Paul et celle aux hérons par le sud desquelles il faut de nécessité passer pour monter le Sault St. Louis, qui barre le chenal d'entre elles et la grande terre, il l'avait fait partir de la veille sous la conduite d'un homme pratique dans cette partie du fleuve, et armé seulement de huit de mes canotiers.

Il m'insinua aussi d'engager M. de la Morandière, lieutenant d'une des compagnies, faisant les fonctions d'ingénieur, de m'accompagner sous prétexte que connaissant les endroits que j'avais à visiter, il me serait d'un grand secours. Il me munit aussi de quelques vivres pour moy et mes gens, et de 2 rouleaux de tabac pour les distribuer en passant aux sauvages. Enfin, il me prévint qu'il avait fait informer de mon arrivée les commandants des postes que j'allais visiter.

Sortis de Montréal en calèche à cinq heures du matin, par la porte de la place cottée (X) au plan, pris à droite en sortant le long des murs de l'enceinte de la ville. Le chemin y est un peu serré par le fleuve ;

traversé vis-à-vis de la porte de la chine la petite rivière. Laissé à droite la maison à titre d'hôpital, desservi par les sœurs grises mentionnées ci-dessus, suivi le chemin du dit village de la chine. Il est établi dans une commune jusqu'à la rencontre du fleuve; de là jusqu'au dit village il cotoye la rive du Nord, et de droite et de gauche sont des maisons; arrivés chez M. le Curé à neuf heures du matin.

On estime de la ville à ce village trois lieues.

*Na.*—Les prêtres sulpiciens sont seigneurs comme on l'a dit de toute l'isle de Montréal; ils y ont plusieurs moulins et dix seigneuries qui forment autant de paroisses qu'ils desservent eux-mêmes; le curé de la chine était l'un d'entre eux.

La première isle que l'on trouve en montant le fleuve est l'isle St. Paul, ensuite celle aux hérons; c'est vis-à-vis cette dernière dont la pointe de l'est est estimée à une lieue et demie de Montréal qu'est le Saut St. Louis; il a bien deux lieues de longueur, mais son passage n'est difficile que dans l'étendue d'une demie lieue.

Ce saut est formé par une batterie de roches qui traverse le fleuve et se trouve coupé par la dite isle aux hérons. Ces roches plus ou moins élevées appuyent les eaux de manière qu'en étant surmontées, il s'y forme des chutes, qu'on nomme communément rapides, lesquelles chutes, répétées sur deux lieues de longueur, donnent lieu au saut qu'on nomme vulgairement de St. Louis. Ces rapides sont plus ou moins forts, et font un tel bruit qu'on l'entend de fort loing; ils règnent tant dans le chenal du sud que dans celui du nord; c'est ordinairement le premier qu'on pratique comme ayant le plus d'eau et par où se fait la navigation dans cette partie du fleuve, en canots et en batteaux, du 8 seulement : les voyageurs considèrent ce passage dangereux et pénible, d'autant qu'il est continuellement travaillé pour éviter les roches et qu'il y a plusieurs exemples que des canotiers tout entiers y ont péris.

Déjeunés chez le curé de la chine, faute de m'être souvenu des apprêts que Mr. Varrin y avait ordonnés la veille chez un habitant pour me recevoir. Pendant que nous étions à manger un morceau, le patron de notre batteau se présenta, il était arrivé pendant la nuit. On lui dit de le monter environ deux cent toises plus haut, on le joignit à pied et l'on s'y embarqua ; après quoi l'on se mit à faire la traversée du fleuve, on va toujours en remontant un peu, affin de n'être point entrainé par le courant qui devient toujours plus fort, à mesure qu'il approche du Sault, et d'avoir la facilité de dériver à l'endroit où l'on veut mettre à terre ; descendus aisément et par le milieu du village du Saut St. Louis.

On estime la traversée du fleuve à ¾ de lieue, on fut une bonne heure à la faire ; ce village est scitué vis-à-vis celui de la chine et à la rive du sud du fleuve.

Aux approches de terre l'on vit déboucher de toutes parts des bois qui environnent ce village, quantités de petits sauvages qui, voyant le pavillon blanc, jugèrent que c'était un des chefs français, suivant eux, qui arrivait.

En descendant du batteau nous fûmes salués d'une décharge de quatre boites, et reçus de Mr. Démuseau, commandant dans le fort, des trois pères Jésuites qui y sont missionnaires, et d'une troupe de sauvages qui étaient sous les armes, mis sur leur propre, la pluspart tous chefs des bandes et rangés en haye qui firent une décharge de mousqueterie. Je les saluai en m'acheminant vers le fort, où accueilli très-poliment par M. de Merceau et ses deux filles. Les sauvages, un quart d'heure après, envoyèrent demander permission de me complimenter.

Celui qui fut envoyé est un bâtard d'un français avec une sauvagesse ; il parle bon français et même toutes les langues sauvages des nations les plus voisines ; il est payé du roy comme interprète. Dès l'instant qu'ils furent informés que je le trouvais bon, ils entrèrent au nombre de 20 à 25, le grand chef à leur tête, et plusieurs autres des bandes particulières. En défilant devant moi, tous me présentèrent la main, ensuite s'assirent sur des bancs, tirèrent leurs calumets et se mirent à fumer ; l'un d'entre eux, après, qui passe pour le meilleur orateur me parla longtemps, je l'écoutai attentivement, assis dans un fauteuil. Quand il eut fini, l'interprète me rendit son discours ; il consistait à dire que, me considérant comme l'un des chefs des français, il venait me témoigner la joye qu'ils avaient de me voir chez eux, qu'ils remerciaient Dieu de m'avoir préservé de tout danger dans le long voyage que j'avais fait, et qu'ils me priaient de les prendre sous ma protection. Ma réponse fut que j'étais envoyé pour visiter les fortifications principales du pays, et qu'ayant appris à Montréal leur fidélité et leur affection au roy leur père, j'étais venu pour les connaître et pour juger, de concert avec le commandant et les missionnaires, de la force de l'enceinte de leur village, et des augmentations dont elle pouvait être susceptible pour les garantir des insultes des nations, leurs ennemis, ainsi que la déffense qu'on pouvait tirer du fort du roy, uniquement construit pour les soutenir, et que je voyais avec plaisir qu'ils étaient en disposition de seconder, en cas d'attaque, les troupes de Sa Majesté.

Ce discours leur ayant été rendu, on leur distribua en présent deux bouteilles d'eau de vie qu'ils se versèrent à la ronde et burent à ma santé ; ensuite on leur délivra de ma part un rouleau de tabac ; dès l'instant qu'ils le virent, l'orateur m'harangua de nouveau pour me dire que ce tabac, eu égard à la disette qu'il y en avait dans le pays, leur était d'un si grand secours, qu'ils le considéraient comme une manne qui les ramenerait à la vie. Comme ces gens là ne parlent que par figure, ils voulurent me faire entendre qu'ils en avaient autant de besoin que de vivres, à quoy répondu que j'étais bien aise par ce petit besoin de les avoir secourus à leur satisfaction. Après quoi, leur pipe finie et leur calumets en poches, ils sortirent en défilant, me prenant de nouveau la main, et en emportant leur tabac sur l'épaule qu'ils distribuèrent entre eux.

*Na.*—La coutume parmi les sauvages est de partager les présents jusqu'aux plus petits enfants, d'une manière que s'ils sont d'une nature à ce que quelqu'un d'entre eux n'en puissent faire usage, les père et mère en profitent.

Le grand chef était vêtu d'un habit rouge galonné d'or et d'argent, que le roy leur fait donner en présent ; la plus part des autres, des bandes particulières avaient des médailles d'argent pendues au col, tous étaient sans culottes, couverts d'un breguet à la ceinture, d'une chemise, d'une couverture de laine et d'une paire de mitasses aux jambes.

*Na.*—Que les sauvages envilagés sont divisés par famille du nom de quelque animal. Ceux de ce village en forment trois, savoir : du nom de loup, de l'ours et de la tortue, et chacun est divisé en deux bandes, commandées chacune par un chef ; néanmoins tous chefs particuliers sont subordonnés au grand chef du village.

Je sortis de là pour aller rendre visite aux Jésuites missionnaires ; leur maison est dans le fort du roy. J'entray dans leur église, à laquelle ils communiquent par une galerie ou corridor couvert. L'église est fort propre. Il n'y a point de bancs, mais seulement un réduit dans le milieu, contourné d'une balustrade où se tiennent les femmes. Les hommes sont en dehors, et tous y sont à genoux, ou assis.

Les missionnaires sont seigneurs de l'endroit et des environs ; ils parlent la langue sauvage.

Les sauvages de ce village sont un composé des cinq nations iroquoises. Ils prétendent qu'ils ne se sont séparés des leurs que pour embrasser la religion catholique, à laquelle ils ne sont attachés qu'autant que leurs intérêts s'y trouvent.

Les Jésuites prétendent ne retirer d'eux aucune rétribution pour les sacrements, comme le mariage, les baptêmes, et même pour les enterrements ; mais qu'au retour de leur chasse pendant l'hivert, ils font quelques présents de pelleteries à l'église, capables de fournir à son entretien et à celui des ornements.

De là, étant muni du plan du village et du fort y adhérant, j'en parcourus l'enceinte. Comme on en a traité dans le mémoire envoyé à la Cour, on en dira rien ici, on se contentera de discourir de la construction de leurs cabanes, et de l'ordre que l'on y observe.

*Na.*—Si l'on veut avoir une connaissance plus étendue de la force de l'enceinte de ce village et du fort du roy y adhérant, il n'y a qu'à lire le mémoire envoyé à la Cour sur cet objet, il en fait mention.

Les sauvages sont cabannés suivant comme le plan le représente ; leurs maisons sont en figures de quarrés longs avec un trou au comble de trois pieds de largeur pour le passage de la fumée, le feu est dans le milieu et les couchettes sont sur les côtés. Ces couchettes ne sont proprement que des planches assemblées en figure de lit de camp, élevés d'environ deux pieds au-dessus du terrain, couvertes de nattes de jonc ou de paille. Tous y sont assez pêle mêle : pères, mères et enfants, et indifféremment des deux sexes. Les enfants y sont suspendus dans des espèces de hamac, ou sont attachés, lorsqu'ils sont à la mamelle, sur une planche à laquelle ils sont contenus par des petites sangles ; les femmes y travaillent des boites, des plateaux d'écorce et des colliers propres à leur parure et à leurs ajustements.

Les sauvages de ce village sont riches. Ils sont vêtus en bonnes étoffes et en galons d'or et d'argent qu'ils tirent le plus communément de la Nouvelle Angleterre, où on leur débite à meilleur compte que ché nous, en vue d'en attirer la confiance et l'amitié. Il y a parmi eux plusieurs bâtards français, et beaucoup d'enfants anglais faits prisonniers en la dernière guerre et qu'ils ont adoptés. Ces enfants s'élèvent avec les façons et les inclinations sauvages ; on les distingue à la couleur de leur peau qui est plus blanche. Cette liberté et le libertinage en lesquels ils sont élevés, font que lorsqu'ils sont grands, ils ne songent point à retourner chez eux.

L'on m'a montré un anglais fait prisonnier il y a huit ans, qui aujourd'hui a tellement gouté la liberté de cette vie, qu'il demeure parmi les sauvages et ne veut pas rejoindre la nation, quoiqu'il lui soit permis.

Ces sauvages sont dans le goût de bâtir des maisons à la française, en charpente équarrie, et même en maçonnerie. A cet effet, ils ont attiré des ouvriers français de toute espèce. Les missionnaires les invitent à cette sorte de construction, sous prétexte qu'elle est plus commode ; mais je serais assez d'avis de croire, qu'étant seigneurs du lieu, des vues d'intérêt les y conduisent, d'autant que quand les sauvages se trouveront gênés par le gouvernement ou qu'on le leur persuadera, on leur insinuera d'aller s'établir ailleurs pour jouir de leur première liberté, et que pour lors, en qualité de seigneurs, toutes ces habitations resteront à leur profit.

Il serait avantageux au service qu'on obligea les commandans et les missionnaires, ou ensemble de concert, de tenir un état exact des intrus qui viennent résider dans ce village, des enfants qui y naissent, des morts, du nombre des guerriers, et enfin de tous les habitants en général, afin de juger d'une année à l'autre des progrès de cet établissement.

*Na.*—Les cabanes ordinaires des sauvages sont faites en cône ou pin de sucre, avec des bois de sapin, et couverte d'écorce. Le feu, comme on l'a dit, est dans le milieu. Il n'y a point de couchettes fermées, mais bien des peaux et des nattes étendues tout le long. La place d'honneur est à la porte : c'est ordinairement celle du chef de la cabane et celle qu'on offre aux étrangers.

Pour prouver combien cette vie sauvage a des attraits, il m'a été rapporté le fait suivant. Le 5 août 1689, les sauvages ennemis des français descendirent sur l'Ile de Montréal, la dévastèrent en partie, tuèrent plusieurs habitants et emmenèrent quelques enfants. Dans le nombre de ces derniers, était une petite fille au berceau, dont on m'a montré l'habitation du père et de la mère, qui étaient des gens riches. Environ trente ans plus tard, des français ayant paru chez ces nations barbares, ils la leur montrèrent. Sa couleur indiquait bien qu'elle était étrangère, et sur le rapport qu'on leur fit, de l'endroit où elle avait été prise, ils jugèrent qu'elle se nommait de Coane, dont la famille est des plus riches de Montréal. Ils lui donnèrent à connaître qui elle était, et que ses parents seraient enchantés de la revoir, mais inutilement. Jamais elle ne voulut consentir à les rejoindre quoiqu'invité par les sauvages. On prétend qu'elle vit encore. Il faut que la licence qu'on y goutte ait bien des appas pour ne vouloir y renoncer.

Ma visite faite autour de l'enceinte du village et de celle du fort, je fus voir le grand chef et quelques autres particuliers. Ils parurent sensibles à mon attention. Après quoy je retournay chez le commandant où, dinés amplement, on raisonna beaucoup sur cet établissement. Il y a tant de choses à en dire, que quoique on en ait discouru amplement icy, il en reste encore beaucoup. Après quoy je pris le parti de me rembarquer pour aller coucher à la pointe claire ; il était environ cinq heures après midi ; officiers, jésuites et sauvages m'accompagnèrent jusqu'à mon batteau et me rendirent les mêmes honneurs en sortant qu'à mon arrivée le matin. Les adieux faits, on poussa au large ; des éclairs menaçaient d'un orage ; d'ailleurs, il faisait un vent un peu forcé du Sud Ouest de manière que menacés d'un gros temps, l'on tâcha de joindre promptement la rive du Nord, on la cotoya jusqu'à la pointe de la grande anse. Le patron m'y représenta que de là à la dite pointe claire, il n'y avait que ¾ de lieue, que le temps devenait fâcheux, et que les lames fortes et contraires pourraient bien nous obliger à n'y arriver que très-tard, qu'il me conseillait de mettre à terre, que si la pluye survenait je trouverais du couvert dans l'une des habitations répandues le long de la côte, et que lui il ferait avec son batteau la corde de l'arc que j'allais faire à pied ; je me soumis à son avis avec Mr. de Coane. Effectivement, nous essuyâmes beaucoup de pluye ; mais il s'était trompé sur la longueur du chemin : je le trouvay long d'une lieue et demie, et pressés par la nuit nous préférâmes d'être mouillés plutôt que d'arriver à une heure indûe chez le curé du dit endroit, où notre dessin était de coucher ; nous y trouvâmes toute la canotée rendue disputant avec le domestique du curé qui suivant les ordres de son maître qui était absent ne voulait point ouvrir la porte. Heureusement que celui de la chine à qui nous avions donné rendez-vous pour le conduire le lendemain au village du lac des deux montagnes y arriva, et que ce domestique le connaissant, voulut bien se rendre sous ses auspices à nos instances ; on ne constitua son maître en aucuns frais, chacun se mit à faire son lit. Comme on avait bien dîné on se contenta d'un repas frugal que l'on paya grassement.

Depuis le village de la chine jusqu'à la pointe claire, on estime trois lieues.

*Na.* — L'anse dont on a parlé cy-dessus est comprise dans la partie du fleuve, qu'on nomme lac de St. Louis, d'autant qu'il s'y élargit beaucoup et ne devient resserré que par le travers de l'ile Pérot.

## LE 3

### DU VILLAGE DU LAC.

*On pourra voir une suitte de ce village dans le mémoire à la Cour.*

Embarqués à cinq heures du matin à la pointe claire avec le curé de la chine.

Vus à notre gauche l'ile Pérot, et près de la grande terre du Sud celle de Chateaugué.

Cotoyés les terres de celle de Montréal tout le long de la grande anse pour nous rendre à la pointe à Gannet. Cette pointe doublée nous fûmes à celle du reflet, où passés vis-à-vis l'ile de Ste. Geneviève scituée en avant à l'Ouest de celle de Pérot.

Au delà de la dite pointe à du reflet, passés devant plusieurs pointes et quelques anses, parvenus vis-à-vis l'Eglise Ste. Anne où est un petit rapide à terre avant d'y arriver; il est court, scitué entre la dite église et la dite isle à Pérot.

On estime de la Pointe Claire à Ste Anne, 3 lieues.

Déjeunés chez le curé de ce village, entrés dans l'église, plus proprement chapelle que paroisse; elle a été bâtie du dessein de Mr. de Beaucourt, cy-devant ingénieur et gouverneur de Montréal.

Au delà de l'Eglise de Ste. Anne, traversés le fleuve. Passés devant la pointe de l'Ouest de la dite isle Pérot, laissés plusieurs petites iles scituées en avant de la dite pointe pour nous rendre dans le chenal de l'isle aux tourtres et la grande terre où est le seigneur de Vaudreuil. Parvenu à l'extrêmité de cette dernière isle, apperçu le chateau de Senneville flanqué de quatre petits bastions et scitué à la pointe de l'ile de Montréal.

*Na.*—Que de l'ile aux tourtres on découvre la rivière des outaouais dite la grande rivière, la terre du Nord de l'isle de Montréal, l'isle Jésus scituée dans le chenal qui sépare ces deux isles, et celle Bizarre, que l'on apperçoit en avant de cette dernière.

Le chenal d'entre l'isle aux tourtres et la terre de la Seigneurie de Vaudreuil se nomme le petit Détroit.

Après avoir doublé l'île aux Tourtres, entré dans le lac des deux montagnes.

*Na.*—Qu'il y a encore une petite isle nommée isle Vaudreuil, scituée en deça de la dite isle aux Tourtres et séparée par un chenal d'avec les terres de la seigneurie de ce nom.

Cotoyés les bords de la terre de Vaudreuil jusqu'à la pointe de ce nom, y parvenu ; il faisait un temps dur et un vent du Sud Ouest qui rendait la grande rivière fort agitée. On hésita longtemps si l'on ferait la traversée du lac des deux montagnes pour se rendre au village de ce nom On découvrait en plein air qu'une ferme scituée au bas des hauteurs à $\frac{3}{4}$ de lieue sur la droite, et un calvaire établi sur la croupe d'une des hauteurs les plus élevées ; un canot sauvage de six places que nous apperçûmes faire la même route, nous y détermina. On la fit heureusement en forçant de ramer et avec la précaution pour n'être pas entrainés par le courant.

Arrivés au village entre les quatre à cinq heures du jour, la troupe du poste qu'on y tient était sous les armes ; elle fit une décharge de mousqueterie. Au moment que nous mettions à terre, le commandant nommé Mons. Benoist, lieutenant de la garnison de Montréal, me reçut ; il était accompagné de trois prêtres sulpiciens qui y sont curés et missionnaires ; nous fûmes ensemble chez ces derniers, et de là, visités les fortifications de ce village.

Commencés la tournée par l'enceinte à l'endroit de la redoute quarrée faite en bois, cottée H au plan, longés la place de l'ouest appuyée à son extrémité par un ouvrage semblable, parcourus au delà celle du nord flanquée de trois redoutes triangulaires et d'un autre carré. En avant est le cimetière adhérant à l'enceinte, et plus loing deux redoutes, à titre de blockhouses, aussi construites en charpente isolée, de figure pentagonale, et à la distance marquée au plan. Cette face du nord est appuyée d'une autre redoute en trapèze de même construction ; cette dernière flanque la face opposée de l'est qui se trouve encore deffendue d'une autre redoute de même figure, mais d'une si petite capacité qu'elle n'en tire pas grande protection.

*Na.* — Ces deux redoutes cottées E F sont hors d'œuvre. On ne peut y communiquer qu'à découvert. Néanmoins, elles sont solides et construites en belle et bonne charpente. Il est dommage ainsi qu'aux quatre autres G H I K qu'elles ne soient point couvertes.

Il est aisé de voir qu'aux extrémités G K de cette enceinte, il reste un espace entre le fleuve, et que ce village n'étant point fermé par la gorge, une troupe qui méditerait d'y entrer, le pourrait, sans le moindre empêchement.

De là, visités le fort de MM. les Sulpiciens, qui prétendent qu'il a été construit à leurs dépens. Il est enceint d'un mur de 12 pieds d'hauteur, percé de crénaux et flanqué sur 3 côtés d'autant de bastions. Vers le 4ème, la clôture est tirée de biais à 15 pieds hors de l'alignement de la façade de l'Eglise, de manière que cette partie et la suivante ne sont deffendus que de leur extrêmité.

*Na.*—Que dans un cas de guerre, il faudra établir une banquette au pourtour intérieur de ce fort à quatre pieds 3 pouces au dessous des crénaux.

Ensuitte parcourus le fort P O N M T de figure pentagonale à cinq bastions ; deux de ses cotés ont été tronqués pour l'emplacement du fort précédent. Son enceinte ne consiste qu'en pieux de 7 à 8 pouces de diamètre, sans banquettes derrière, de manière qu'en cet état, il n'est d'aucune défense.

*Na.*—Ce fort est inutile aujourd'huy, d'autant qu'après que les troupes secondées des sauvages auront fait leur dernier effort à la deffense de l'enceinte du village, tous se retireront dans celui des missionnaires où l'on aura réfugié, pendant l'attaque, les femmes, les enfants et les effets les plus précieux. D'ailleurs, pour plus de précautions à la bonne deffense du village et du fort de MM. les Sulpiciens, on serait d'avis de former en avant des portes dont leur enceinte est percée, un tambour en pieux, pour empêcher qu'on ne puisse les rompre et les hacher par surprise ou lors de l'attaque qu'on en fera.

En outre, comme l'ennemy pourrait se servir de flèches ardentes, pour mettre le feu aux couvertures du clocher de l'Eglise et des bâtimens quelconques, il serait bon de s'y précautionner en temps de guerre, dans les greniers, d'hommes et de baquets pleins d'eau pour l'éteindre.

Ensuitte de cette visite, retournés chez les missionnaires où un quart d'heures après, les sauvages vinrent demander la permission de me voir, à quoi consenti. Ils se présentèrent environ une trentaine, le grand chef à leur tête, vêtu comme celui du village du sault; ensuitte marchaient les particuliers des bandes qui portaient la médaille, et après eux, les guerriers; tous entrés dans une salle, assis sur des bancs, ils allumèrent leur calumet. Après quoi, m'étant mis dans un fauteuil, l'un d'eux, réputé le meilleur orateur, m'harangua pour me féliciter de mon arrivée, du bonheur que j'avais eu de parvenir jusqu'à eux sans le moindre accident, et pour me remercier de la visite que je leur faisais. A quoy répondu que je leur étais bien obligé de la part qu'ils prenaient à mon heureuse arrivée, et que leur fidélité et leur affection au roy notre maître m'avaient engagé à les venir voir pour examiner si l'enceinte de leur village était d'une force capable de résister aux insultes de leurs nations ennemies. Ils répliquèrent qu'ils m'étaient bien obligés, qu'ils m'observaient à cet égard que leur redoute ou blockhouse, cottées au Plan E F, était trop en avant de l'enceinte, que même la dite enceinte est trop étendue, et que le village était ouvert du côté de la rivière. Ils requerraient qu'il fut totalement fermé pour être plus en sûreté. Ma réponse fut que je rendrais compte au nouveau général de leurs représentations, et que pour témoignage de l'effet que j'en espérais à leur satisfaction, je les priais d'accepter un rouleau de tabac.

L'arrangueur se mit à parler de nouveau pour me remercier de ce présent. Ces gens là, comme on l'a dit cy-devant, ne parlent que par figures; ils me firent entendre, qu'étant rare et cher, ce secours leur était d'autant plus agréable que leur santé souffrait d'en manquer.

*Na.*—Que les sauvages, à mesure que l'orateur parle conformément à leur intention, applaudissent par un « hé » ! ! qu'ils tirent de la poitrine. Ce : « hé », est une espèce d'applaudissement qu'ils donnent à ce qui est avancé de leur part.

Si l'on veut avoir une plus ample connaissance des fortifications de ce village, il n'y aura qu'à lire le mémoire envoyé à la Cour.

La visite finie, ils sortirent en me prenant tous la main ; je les accompagnay. Après quoy, rentrés dans la chambre où étaient les prêtres, je pris les informations suivantes :

Que le village était composé de quatre nations, savoir :

D'Iroquois :<br>
D'Algonkins } Ces deux nations parlent assez la même langue à quelques petites différences près.

De Nipissingues<br>
et de Français.

Les iroquois sont dans un canton séparé, logés dans des maisons de bois construites de pièces sur pièces à la française et de figures quarrées ou quarré long, comme ceux du Sault St. Louis. Ils sont originaires des cinq nations ; et pour que ce soit apparent que c'est la religion qui les fixe dans ce village, il est plus à croire que c'est leur intérêt. Ils partent ordinairement après le jour des trépassés pour aller en chasse avec femme et enfants ; une partie d'eux revient à Noël, et les autres à la Chandeleur. Ils ne sont ordinairement chargés que de chevreuils. Ils séjournent jusqu'au lendemain des Cendres où ils partent pour aller faire de la pelleterie de castors et de martres. Ils cultivent la terre, recueillent du bled d'inde, des fèves, des pois et autres légumes ; ils trafiquent beaucoup avec leurs frères des cinq nations qui leur procurent des anglais beaucoup de marchandises en troc de leurs castors.

Les cinq nations étaient cy devant composées des Agniez, Montagnais, Tsonnontouans, Goyogoins, et Onoyottes ; mais par des difficultés survenues entre elles, les Agniez s'en sont séparés, et les quatre autres ont adopté à leur place les Cascarorins.

*Na.*—Que les Agniez sont déclarés partisans et amis de l'Anglais, que dans la dernière guerre ils étaient les ennemis les plus cruels des français. Le village qu'ils habitent est voisin d'un autre nommé Corbuc, de la Nouvelle Angleterre.

Tous les sauvages des cinq nations susdites résident à 50 lieues, aux environs, dans le sud du lac Ontario. Leur proximité de la Nouvelle Angleterre fait qu'ils y commercent plus qu'avec nous. Par le traité d'Utrecht, la France les reconnaît mal à propos, suivant eux, soumis à la Grande Bretagne; néanmoins, ils n'y sont pas plus attachés qu'à la France. Ils prétendent se maintenir dans une neutralité, lors d'une guerre entre ces deux puissances. Il est vrai que dans la dernière, quelqu'un d'eux ayant fait coup sur nous, le gros de la nation les a désavoués. Ils considèrent le Roy comme leur père et celui d'Angleterre comme leur frère, donnent la loy à toutes les nations quelconques qui ont des relations avec nous sur le party qu'il y a à prendre, lors d'une rupture avec elles et avec l'Angleterre, se croyent être les maîtres et souverains chez eux de pouvoir y attirer qui bon leur semble pour la traite des marchandises, sans qu'aucune des deux puissances susdittes puisse les obliger à se fixer à aucune d'elles; enfin, ce sont les sauvages les plus forts, les plus redoutables et les plus en considération de la partie connue de l'Amérique. Aussi, leur rend on des honneurs, comme on l'a dit à l'article de Montréal du mémoire envoyé à la Cour, lorsqu'ils viennent en députation et apportent des colliers au général de la Nouvelle France et en recevoir les présents ordinaires.

La porcelaine dont se fait les colliers, et dont les sauvages font tant de cas, se vend 30 sols le $\frac{0}{0}$; elle ne se fait qu'à la Nouvelle Angleterre: c'est l'émail bleu et blanc que l'on tire adroitement d'un coquillage qui ressemble beaucoup à l'huitre, néanmoins plus gros; il s'en trouve beaucoup à l'Ile St. Jean, et sûrement, s'il y avait des ouvriers experts à le travailler, on pourrait en fabriquer. A mon avis il ne serait pas difficile d'y parvenir: il n'y aurait qu'à payer un homme grassement et l'envoyer sur les lieux pour apprendre le métier.

Les Algonkins et Nipissingues ont chacun leur canton. Quoique ces deux nations soient amies, leurs maisons ne sont point mêlées; elles sont voisines et bâties à la française, et de même figure et construction que celle des iroquois.

Les sauvages de ces deux nations vivent assez d'intelligence. A la fin de septembre, ils abandonnent le village pour aller hiverner dans le bois avec femmes et enfants; ils s'éloignent jusqu'à 250 et 300 lieues, y vivent de la chasse et ne s'en reviennent au plustôt, qu'à la pentecôte, chargés de pelleteries. Pendant l'été, ils se nourrissent des denrées qu'ils achètent en troc des pelleteries ou avec de l'argent. Les chiens sont pour eux surtout un mets friand. Ils ne cultivent point la terre d'autant que comme ils font beaucoup de commerce avec les habitants d'Orange, le profit qu'ils en tirent suffit pour se procurer des français établis dans le village, tout le nécessaire à la vie.

Les français qui habitent dans ce village habitent un canton séparé, sont tous marchands et négociants pour traiter des pelleteries des sauvages en troc de marchandises quelconques. Ils ne s'en tiennent point à ce petit trafic, ils les employent à en porter chez les cinq nations ou chez les Anglais, et plus communément, à en rapporter d'étrangères qu'ils répandent dans la colonie malgré la rigueur des ordonnances et le tort que cela fait au commerce français. Ils n'y sont soufferts que des missionnaires qui sont seigneurs du lieu. De là, il est à croire qu'ils n'y résident point impunément, d'autant que ces prêtres informés du profit qu'ils font, exigent d'eux une forte reconnaissance.

Après la visite des sauvages, l'on m'apprit qu'il y avait fête chez les Nipissingues et les Algonkins, occasionnée par une vingtaine de sauvages Algonkins du village de Bécancour qui étaient venus leur rendre visite, qu'il y avait trois jours qu'elle durait, qu'il y avait eu deux festins à chacun desquels on avait mangé une vache dépecée, dont les morceaux et tripailles avait bouilli dans de l'eau avec du bled d'inde, que le liquide de ce ragoût formait ce qu'on nomme la sagamité, que le singulier de ce festin est que la nation qui régale ne peut en profiter, et qu'aujourd'huy c'était le jour des danses. On m'invita de les approcher pour être témoin de la singularité de leurs plaisirs; un des sauvages m'apporta une chaise. Les femmes commencèrent. Elles étaient une dizaine, sur les ailes, de chaque côté, trois petites filles, et toutes rangées en haye, elles at-

4

tendaient le moment de se mettre en branle ; il fut annoncé par un coup de baguette sur le tourygan, au bruit du chichicoua et par un cris que fit un des joueurs d'instruments ; ensuite, mises en branle et en cadence, elles ne font que glisser les pieds l'un après l'autre alternativement, de manière que lorsqu'un est en avant l'autre reste en arrière ; elles tiennent les bras morts et les yeux baissés ; dans cet état elles dansent environ un quart d'heure, et finissent au cry d'un des joueurs pour prendre haleine. Après quoy elles recommencent ; enfin elles répètent tant de fois que cela ennuye.

On nomme tourygan une espèce de tambourin fait d'une peau de chevreuil, appliquée sur un petit baril défoncé.

Et chichicoua une espèce de vessie enflée appliquée au bout d'un petit bâton d'un pied de longueur dans laquelle sont des pois ou quelques grains de plomb, de manière qu'en la secouant, il en sort un bruit d'un son tel qu'on peut se l'imaginer.

L'une de ces femmes tenait au bout d'une baguette une chevelure d'anglais. En ayant demandé la raison, l'on me dit que c'était une veuve, et que cette distinction lui était dévolue dans les fêtes pour la consoler de la mort de son mari qui avait été tué en guerre.

Après cinq à six répétitions, elles se mirent à danser en rond sans se tenir les mains ; pour lors, elles forment un véritable cercle, et n'avancent en tournant sur la droite qu'en glissant les pieds sans les élever de terre, et en remuant toujours les bras. Cette façon de danser, à mon avis, doit être pénible.

Après que les femmes eurent finies, les hommes à leur tour se mirent en branle. L'un d'eux commença par celle de la découverte de la guerre. Il était tout nu, à l'exception de son bragué.

*Na.*—On nomme bragué, un morceau d'étoffe qui cache la nudité sur le devant et sur le derrière ; il est attaché à un cordeau qui tourne autour des reins.

Cette danse finie qui dura un bon quart d'heure à différentes reprises, un autre sauvage se mit en liste pour faire celle d'enlever la chevelure.

*Na.*—La découverte n'est autre chose que de faire marcher un homme sur les aisles et à la tête du party qui va en guerre, pour éviter les surprises et les embuscades. Quand il a apperçu l'ennemy, il vient avertir son monde pour le disposer à le recevoir. Si l'ennemi est reconnu plus fort, on l'évite; s'il est plus faible que le parti, on l'attaque et on le défait en détail.

Il est d'usage parmi les sauvages d'enlever la chevelure de l'homme qu'ils ont tué ou qu'ils ont mis hors d'état de défense, d'autant qu'un homme mort depuis peu qui avait souffert cette opération est un exemple qu'ils se portent à cette cruauté, suivant comme ils trouvent de facilité à l'exercer. Un troisième sauvage, enfin, releva celui-cy pour faire la danse du blessé. Elle n'est autre chose que de rabattre, atteint d'un coup de fusil, sur le gros du party.

Ces danses sont si composées et obligent à tant de mouvements et de contorsions, que les sauteurs de la foire St. Germain et nos fameux danseurs de la comédie ne sauraient plier le corps, le raccourcir, l'allonger, le courber avec autant d'agilité.

Les femmes étaient en souliers sauvages, vêtues de gros bas, d'une espèce de jupe nommée matchicoté qui ne descend que jusqu'aux genoux, plus ou moins, ornée de galons, de rubans ou d'or ou d'argent, et à 9 à 10 rangs d'hauteur, de mantelets de soie, de taffetas satins et même de damas, et le col et les bras garnis de croix, médailles d'argent, de colliers de porcelaine, de bracelets et tout ce qui peut faire parure en ce genre. Leurs cheveux étaient graissés, assemblés comme pbur en faire une cadenette, ou une queue, ou mis dans un étuy de 6 à 8 pouces de long fait de peau gommée, et les hommes étaient tous nuds, comme on l'a dit, mais, avant de se mettre en branle, ils se débarassent d'une couverture qui les enveloppe depuis les pieds jusqu'à la tête. Ils portent les cheveux fort courts, ont les oreilles ouvertes le long de la bordure, pour la facilité d'y appliquer des pendans. Ils y en mettent de toute espèce, même jusqu'à des couleuvres.

Après la dernière danse je me retiray, en prenant la main d'une des danseuses. De retour chez les pères, on sonna la prière. Je me rendis à l'Eglise où était déjà un grand concours de monde. Le prêtre ayant entonné un hymne, les sauvages se mirent à chanter en leur langue ; jamais chœur de religieuses ne forma un chant plus doux, plus sonore et plus d'accord. Elles sont assises sur les jambes, et ne causent ni par leurs mouvements, ni par leurs gestes et encore moins par leurs langues, le moindre scandale et la moindre indécence.

La bénédiction donnée, le feu prit à la cheminée de la cuisine de MM. les Sulpiciens. Sauvages et français tous s'empressèrent de l'éteindre. Il ne causa d'autre mal que de retarder le souper. Il était dix heures quand l'on se mit à table, et minuit quand l'on se retira. On y fit grande chair en chevreuils, tourtes, poulets, pigeonneaux et veaux ; il y eut du vin de toutes espèces, même à la glace.

*Na.*—A souper, se trouva l'ancien de MM. les Sulpiciens, blanc comme un cygne, âgé de 91 ans, missionnaire chez les différentes nations, depuis 62 ans et plus, mangeant comme le plus fort de nous de tout indifféremment, sans la moindre incommodité, lisant sans lunettes comme à 15 ans, une mémoire charmante, et racontant avec un discours autant badin que fleuri, discourant avec lui sur les mœurs, coutumes, façons et politiques des sauvages.

Pendant le souper, ils m'invitèrent le lendemain à un calvaire qu'ils ont établi à mi-côte des hauteurs qui enveloppent ce village. Il consiste en trois chapelles de maçonnerie qu'on apperçoit de plus de 2 lieues au large ; mais, comme il y a ¾ de lieue toujours en montant, j'y renonçay d'autant qu'il n'y avait ni chevaux ni voitures pour m'y porter, que par la chaleur excessive qu'il faisait, c'aurait été un voyage que d'y aller à pied, et que d'ailleurs j'aurais perdu du temps, dont je n'avais pas de trop pour arriver le lendemain un peu à bonne heure à Montréal.

*Na.*—Qu'en dessous de ce calvaire, au pied des hauteurs, est une ferme établie sur les bords du lac, éloignée du village d'environ une demie lieue, appartenant à MM. les Sulpiciens, et que les terres des environs sont bonnes à la culture.

Après m'être informé de tout ce qui intéressait cet établissement, je voulus agiter le dénombrement des sauvages, nation par nation. Ces Mrs. parurent se consulter pour me répondre : les uns l'avancent d'une façon et les autres d'une autre, de manière qu'on ne put trop le constater qu'au hazard, ainsi qu'on l'a dit au mémoire à la Cour, et que je crus m'appercevoir que sous prétexte que l'hivert, la plupart des sauvages étaient en chasse, et l'été en traite avec les flamands établis à Orange, ou avec les marchands répandus le long de la rivière de ce nom, et plus ordinairement avec d'autres résidents à Chouaghen. Ils étudiaient la connaissance que je désirais.

On nomme Chouaghen un établissement anglais à titre de poste avancé du gouvernement, scitué sur le sud du lac Ontario et à 30 lieues du fort de Frontenac. Mon avis serait que comme on y attire beaucoup de sauvages sous l'appas de l'eau de vie qu'on y débite sans réserve et sans discrétion, et qu'il s'y fait un commerce de castors et de toutes pelleteries préjudiciable à celui que le Roy à intérest d'établir à son profit en cette colonie, qu'à une prochaine rupture avec cette nation, l'on s'en empara et qu'on se fortifia de façon à ne pouvoir être enlevé d'un coup de main.

Le fort de Frontenac est un poste du Roy établi sur la gauche du canal de la décharge des eaux du lac Ontario, dans la rivière de Cataraquouï.

## LE 4

### SUITTE DE LA ROUTE JUSQU'A MONTRÉAL

Après avoir pris congé des religieuses de la congrégation qui résident en ce village au nombre de 3, aussi à titre de missionnaires pour l'instruction au christianisme des jeunes sauvagesses, de Mrs. les prêtres sulpiciens et du commandant qui m'accompagna jusqu'à mon batteau où reçu les mêmes honneurs de la troupe qu'à mon arrivée, je m'y rembarquay entre 4 à 5 heures du matin.

Traversé au large le grand lac des deux montagnes, apperçu de loing en sortant du village de ce nom la pointe de l'île Bizarre, au delà celle Jésus, les mille isles situées dans le passage de la rivière de ce nom, l'endroit où se forme la rivière des Prairies qui sépare cette isle d'avec celle de Montréal, et encore le château de Senneville construit sur les terres de la pointe de cette dernière ; cotoyé ses bords en laissant toutes les îles de la journée précédente sur la droite, et l'Eglise de Ste. Anne à gauche, sans nous y arrêter, sauté le rapide de ce nom, plus loing passé devant l'église de la pointe claire et parvenu chez le curé de la chine entre onze heures et midy.

*Na.*—Qu'au moment de mon départ du village du lac, les Abénakis, au nombre de 8 à 10 canots en sortirent, pour se rendre à leur village de St. François.

Dinés chez le curé assez frugalement,—c'était un jour maigre,—visités les deux sœurs de la congrégation qu'il y a attirées, en informés que la calèche qui m'y avait conduit le 2, était arrivée ; conséquemment à l'arrangement que j'avais pris, je fus la rejoindre pour m'en retourner à Montréal, suivi le même chemin qu'on avait tenu l'avant veille, et arrivés en cette ville entre les 4 à 5 heures.

*Na.*—En hiver, ce lac et la rivière sont plus ou moins pris de la gelée et pour ne pas y manquer le chemin, on le balise dans les parties où la glace est reconnue la plus épaisse et la plus forte. A cet effet, l'on fait un trou jusqu'à l'eau qui se gèle à l'instant qu'on plante la balise. On a quelque fois vu ce lac traversé de deux à trois rangs de balises de bois de sapin, de sorte qu'étant toujours vertes et droites elles forment, à l'instar des avenues d'une terre, un coup d'œil agréable ; cette précaution est nécessaire d'autant qu'en temps de neige et de poudrerie, les chemins en étant couverts, les voyageurs courraient des risques. Il y a plusieurs exemples connus, avant qu'elle n'eut lieu, que plusieurs se sont égarés et même perdus.

La rivière qui forme le lac des deux montagnes se nomme rivière des Outaouais ou grand rivière—A 50 lieues en dessus du dit lac, elle se nomme rivière des Matawans—Elle traverse dans son cours plusieurs saults. Le premier, le long sault, qu'on trouve en la remontant, est à six lieues de ce village sauvage. C'est un rapide de trois lieues de longueur qui oblige à un portage d'une demie seulement.

A vingt lieues au-dessus du sault, est un autre connu sous le nom des Chaudières. Le portage qu'on y fait des marchandises et même des canots n'est guère que de 60 toises. La rivière à cet endroit s'y rétrécit beaucoup. On estime pas sa largeur de plus de 4 à 500 toises. Enfin, à 12 lieues en dessus de ce dernier rapide, est celui des chats. Il est court, néanmoins avec chute considérable, la rivière y est large d'une demie lieue, et l'on prétend que vis-à vis, sur les terres, tant d'un côté que de l'autre est une mine de plomb.

Les voyageurs prétendent que les bords de cette rivière sont extrêmement escarpés et uniquement formés de montagnes fort élevées, et dont le sommet et les revers ne sont point praticables. C'est la route que l'on tient pour aller dans plusieurs postes du Nord, entr'autres, à celui de Michilimakinac, du nom d'une ile située dans le fond du lac huron.

Ce fort est étably sur les terres du Nord du fond de ce lac. Sa figure est un parfait quarré bastionné, de 45 toises de côté extérieur, et sa construction n'est que de pieux, et ses bâtiments totalement en bois de pièces sur pièces.

Les Missiuagués sont scitués au nord du dit lac, le long d'une petite rivière qui débouche par le travers de la dite isle Michilimakinac, et les Outaouais, nation assemblée en village formé de pieux, résident totalement dans les fonds du dit lac, à 80 lieues du dit fort mentionné.

## RÉFLEXIONS

Il est aisé de juger sur tout ce qu'on vient de dire de cette rivière des Outaouais, qu'elle doit être considérable, et qu'elle forme un lac de l'étendue de celui des deux montagnes. On ajoutera que ses eaux parvenues au dit lac s'y partagent en plusieurs branches. Qu'une partie forme le chenal nommé la rivière des prairies, qui sépare l'ile Jésus d'avec celle de Montréal, qu'une autre, après avoir divisé les mille isles, réunit ses eaux en dessous, et produit la rivière Jésus d'entre l'isle de ce nom et la grande terre au nord, et que ces deux rivières, après s'être jointes à la pointe de la dite isle, vont se confondre sous le nom de celle des Prairies, dans le fleuve St. Laurent.

Une autre partie de cette grande rivière forme tous les chenaux d'entre les iles dont on a fait mention dans la journée précédente, et un passage considérable d'entre celle à Péraut et la terre de l'isle de Montréal, et ses eaux, parvenues devant le débouché de la rivière de Cataraquoui et y confondues avec celles de ce nom, formant ensemble les deux passages du Sault St. Louis, et étant réunies au dessous de l'isle St. Paul, donnent lieu au fleuve St. Laurent.

Je conclus de là qu'une des deux rivières a autant de part que l'autre à la formation du dit fleuve, et qu'étant connues et distinguées toutes deux dans le pays sous des noms différents, le fleuve qu'elles forment devrait conserver l'un des deux, et qu'en prenant celui de St. Laurent qui leur est étranger, ce ne devrait être qu'à leur point de réunion ; mal à propos, les géographes qualifient du nom de ce fleuve toute la rivière de Catarakouy. A mon avis, il ne peut prendre son origine qu'à l'endroit dont on vient de faire mention.

*Na*—La rivière de Catarakouy est formée de la décharge des eaux du lac Ontario, qui reçoit celles du lac Erié. Dans celui-cy se deverse le lac Huron, et dans ce dernier, celui de Michigan. Partout, la dite rivière reçoit proprement toutes les eaux des lacs des pays d'en haut ; c'est la routte la plus fréquentée pour aller aux postes de Niagara, du détroit, et dans tous les autres, répandus chez les différentes nations.

Je serais assez d'avis que tous les officiers de cette colonie, eu égard aux voyages auxquels ils sont destinés, tant pour se rendre aux postes et forts établis et connus, que dans d'autres à former à mesure que l'on fera des nouvelles découvertes, fussent instruits de l'usage de la boussole, pour qu'à leur retour, ils pussent désigner sous les airs de vent qu'ils auraient courus, la scituation des endroits qu'ils auraient fréquentés et ceux qu'ils jugeront propres à des établissements ; et aussi, qu'ils fussent un peu instruits des principes de la fortification, pour savoir distinguer une face d'avec un flanc, le flanc d'avec la courtine et les différents talus ; et enfin qu'ils fussent bien au fait de la construction usitée pour les forts, et former en pieux, c. à d. de la manière dont il faudrait que ces pieux fussent plantés et agencés pour les établir solidement, et suivant un plan où toutes les parties se flanqueraient réciproquement.

### LE 5, 6, 7 et 8

#### SECOND VOYAGE A MONTRÉAL

*On rapporte ici ce qui peut avoir échappé à notre premier séjour à Montréal et au mémoire à la Cour.*

#### Séjour à Montréal

J'y repris la connaissance de ce qui intéressait les ouvrages de l'enceinte de cette ville, des magasins du Roy, et des différents bâtiments qui sont à la charge de sa Majesté ; et enfin, de tout ce qui me parut avoir rapport au service. Il ne me fallait guères plus d'un jour pour éplucher tous ces objets. Ainsi, je comptais partir de cette ville le 6, mais M. le Baron de Longueuil, qui était à la veille de marier sa fille ainée avec M. de Maizières, lieutenant d'une des compagnies de la marine en garnison à Louisbourg, me pria, eu égard à la liaison que j'avais contractée avec son gendre futur dans le voyage que nous avions fait ensemble, de vouloir bien assister à son mariage, de signer au contrat et de lui tenir lieu de plus proche parent. Il s'y prit d'une façon si engageante qu'il ne me fût pas possible de m'en dispenser. La cérémonie était fixée au 8 ; il me fallut donc malgré moy rester en cette ville plus longtemps que je ne m'étais proposé. Le jour venu, on se rendit entre 9 à 10 heures du matin à l'église. Je conduisais le cavalier et M. le Baron de Longueuil sa fille ; après la bénédiction, je donnay la main à la mariée pour entrer dans la sacristie, y signer l'acte de célébration et pour la ramener en calèche chez M. son père. Y arrivés, et les plus proches parents et amis assemblés, on y passa la journée ; on y fit bonne chère, néanmoins, sans qu'on put en qualifier le repas du titre de noces.

*Na.* —M. le Baron de Longueuil est descendant d'une famille de Roüen nommée Lemoine, annoblie pour services rendus en cette colonie, et Mr. de Meigières est un gentilhomme champenois des environs de Reims.

Pendant mon séjour en cette ville, j'en parcourus l'intérieur. Sa situation, partie sur le penchant d'une hauteur et partie sur le sommet, la fait distinguer en haute et basse. Elle est assez bien placée. Les rues de traverse cependant sont roides et rampantes, mais celles en longueur sont de niveau et assez droites. L'église de la paroisse a été mal placée ; elle coupe l'allignement de la rue principale, établie sur le sommet de la dite hauteur, inconvénient auquel on ne saurait rémédier pour le présent. Mais l'on serait d'avis que toutes les maisons y construites en bois qui tombent en ruines ne fussent rétablies qu'en maçonnerie, que tous les terrains concédés et restés en souffrance jusqu'à aujourd'huy, fussent bâtis de face, en vue en dedans, sous peine d'être réunis au domaine. Après ce terme expiré qu'on ne souffrit les clôtures de maisons à autres que de bons murs et nullement de pieux, et enfin, que l'ingénieur fût chargé des allignements et de tenir la main à tout ce qui peut concourir à décorer une ville.

Tous les habitants y sont adonnés au commerce des pays d'en haut. Les officiers même s'en mêlent. Il n'y en a que peu qui n'ayent un magasin chez eux de manière qu'ils sont tous à leur aise, et plus occupés de leur profit, lorsqu'ils sont détachés dans leurs postes, que des intérests du service. L'aisance qu'ils contractent les rend négligents à leur métier. Ils sont avantageux pour le genre de guerre avec les sauvages et pour les fatigues des voyages, sont généreux, obligeants, mais la plupart d'un caractère subordonné ; ils aiment la parure et le faste, sont forts et vigoureux, assez pourvus d'esprit, mais l'éducation leur manque, de sorte que s'ils étaient instruits, je les croirais capables de pénétrer les sciences et de posséder les charges qu'exigent l'administration d'un état.

Les femmes y sont de figures plus jolies que belles, y sont d'une constitution forte, ont la jambe bien faite, peu de gorge, marchant bien et ont dans leur port bonne grâce ; elles l'emportent sur les hommes pour l'esprit ; généralement elles en ont toutes beaucoup, parlant un français épuré, n'ont pas le moindre accent, aiment aussi la parure, sont jolies, généreuses et même maniérées. Je leur soupçonnerais un peu de coquetterie; au moins leur façon de se mettre semble l'annoncer; elles sont ordinairement bien chaussées, portent le jupon fort court, sont serrées à la ceinture, et vêtues au lieu d'une robe, d'un mantelet des plus propres qui ne leur pend que jusqu'à la taille. Il est aisé de se représenter que sous un tel habillement tous leurs mouvements sont marqués, et que pour le peu qu'elles soient soutenues de regards flatteurs, elles captivent aisément les cœurs; elles sont néanmoins attachées à leurs maris et à leurs enfants, aiment le plaisir et s'en font un sensible de prévenir de politesses les étrangers.

## LE 9

### TRAVERSÉE DU FLEUVE

*Du village de la Prairie et de sa communication au fort St. Jean*

M. Varrin prévenu de la routte que je devais tenir pour continuer ma visite dans les autres postes, s'était donné la peine d'arranger tout ce qu'il me fallait pour ce voyage. A cet effet, il m'avait fait tenir un batteau prêt pour faire la traversée du fleuve. On avait ordonné un autre au fort St. Jean pour me porter à celui de St. Frédéric, m'avait fait préparer un diner au village de la Prairie, et s'était chargé de me faire trouver mon batteau pris à Québec, au fort Chambly, afin de m'éviter la peine de rabattre à Montréal.

Sortis de cette ville à huit heures du matin, montés en batteau à la porte de la canoterie, mais mis à terre tout de suitte à la sollicitation de M. le Chevalier de la

Corne pour monter en calèche et me rendre à la pointe St. Charles, éloignée d'une lieue de cette ville, où, de nécessité, le batteau devait passer, traversé toute la ville, rendu chez lui où accueilly au mieux de Mde. son épouse, y mangé un morceau et bus deux coups. Après quoy, montés en voiture et parvenus à la dite pointe, y trouvé Mde. la Ronde, jeune femme qui me demanda l'agrément de profiter de cette occasion pour aller joindre Mr. son mari, enseigne en second, et pour lors en garnison au dit fort St. Frédéric, à quoy consenti. Embarqués à l'instant avec M. de Coane et Mr. de Surville, aussi enseigne détaché au dit fort, de manière que compris deux domestiques, le nommé Saintonge pilote du lac Champlain, 12 nageurs et un conducteur pour la traversée du fleuve seulement : nous étions 20 personnes.

Après avoir dérapé et poussé au large, passé par le travers du chenal d'entre l'ile de Montréal et celle de St. Paul, cotoyés les terres de cette dernière, environ à 200 toises de distance de ses bords, montés le saut Normand qui est un rapide difficile à surmonter, vus sur la droitte, assez près du dit saut, une batterie de roches qui découvrent, et un peu plus loing, environ à 100 toises en deçà de la pointe de l'est de la dite isle, fait la traversée du fleuve : on l'estime de ¼ de lieues, rencontré des canots qui descendaient des pays d'en haut et enfin arrivé à la gorge du village de la Prairie.

*Na.*—Que nous échouâmes un instant sur les roches du rapide mentionné, et que ce ne fût qu'avec peine que nous nous relevâmes, qu'avant d'y arriver l'on découvrit le chenal d'entre la ditte isle St. Paul et celle aux Hérons, qu'entre cette dernière et la grande terre est le passage le plus pratiqué pour monter le Saut St. Louis et pour se rendre à la rivière de Katarakouy, qu'à peu près vers le milieu du fleuve est un plateau de sable, que le dit village est établi à la naissance d'une grande anse dans le fleuve de laquelle débouche la rivière de la Tortue, et qu'entre elle et la dite de Katarakouy se décharge celle de Chateaugué, que tous ces objets et le village du saut scitués sur la même terre, qu'on peut aller de l'un à l'autre en cotoyant les bords du débouché vis-à-vis l'isle à Péraut, et que la presqu'ile d'entre elle et la grande rivière, appartenant à M. de Vaudreuil et Longueuil, moitié par moitié, n'a qu'une lieue de largeur dans la partie habitée.

Après avoir mis à terre au dit village, et visités M. du Vivier, lieutenant y commandant et Mde son épouse, le nommé Saintonge chargé des ordres de M. Varrin nous conduisit chez le Sieur Volant, ou trouvés un grand diner apprêté par les soins du commissaire.

L'on se mit à table. Nous étions bien une douzaine de personnes. Le curé et le beau monde du lieu semblaient y être rassemblés pour me faire honneur. Après le repas, discourus beaucoup sur le village. Le curé qui est un séculier, l'estime de 300 feux et l'un des plus considérables de la colonie. Il comprend dans son milieu un fort contourné d'une enceinte de pieux de 12 pieds d'hauteur mais si négligée et délabrée aujourd'hui, qu'à la première guerre, il faudra le rétablir à neuf.

*Na.*—Dans le dessein que la Cour a saisi par son ordonnance du de former des villages dans les seigneuries que les chefs de la colonie trouvent les plus convenables à les y rétablir, on représente, que chacune des seigneuries a son église et son clocher, que les habitants y attachés en sont jaloux, et répugnent de répondre en aucunes façons de toutes autres si voisines qu'elles puissent être ; partant, que ce serait des villages à former.

D'ailleurs, qu'entend-elle par ce terme de village ? est-ce rassembler les maisons pour que les habitants, étant plus en force, puissent mieux s'y défendre contre les nations sauvages ? et quel espace donné à ce prétendu village ? on ne le dit point.

Mon avis serait que comme les habitants d'une seigneurie de 2 lieues de front sur autant de profondeur, sont tous répandus sur les terrains qui leur ont été concédés pour la facilité d'y veiller et de les travailler, et par conséquent trop éloignés l'un de l'autre pour s'entre secourir au besoin, qu'on fixe autour de l'église un espace de 100 à 150 ou 200 toises en quarré que l'on couperait par des rues de 24 pieds, dans lequel ceux des habitants qui professent un métier, puissent s'établir, et où les autres pourraient s'y former un petit domicile pour s'y retirer au besoin avec leurs femmes, leurs enfants et leurs effets les plus chers, et enfin que cet espace fut fermé d'une enceinte de pieux, et percé de deux portes éloignées des maisons de 9 pieds et bien flanqué dans toutes les parties.

Après quoi, monté à cheval, faute de Calèche, avec M. Surville, de Coane, Saintonge et mon valet seulement, et accompagné de tout le reste de notre monde à pied, et de 3 charrettes attelées de deux chevaux pour porter mes équipages, suivi le chemin qui conduit au fort St. Jean. Je l'ai considéré dans le mémoire envoyé à la Cour en deux parties. Ainsi, j'y suis cet arrangement pour y faire mention des objets qui peuvent m'être échappés. Je dirai donc qu'à un quart de lieue en deçà du premier bois est la maison du nommé Comtois, le dernier je crois de la seigneurie, établie à l'endroit nommé la Bataille, à cause d'un petit combat qui s'y donna cy-devant entre un détachement anglais et un autre français commandé par Mr. de Varennes ; qu'entre l'entrée dans le 1er bois et le fleuve, les terres y sont bonnes et propres à la culture.

Qu'à peu près dans le milieu de la traversée de ce bois sur la gauche, est le moulin dont on fait mention, que les Jésuites font construire sur la rivière de Montréal. On ne dira rien de cet établissement, sinon qu'il ne saurait qu'être très profitable à ces révérends pères, et quoiqu'éloigné des habitations, fort utile au public.

Que la ditte rivière a son cours à travers les bois et va se confondre dans la Rivière de Richelieu au dessous du fort Chambly, et que les ponts brûlés dont on a parlé, demandent un prompt rétablissement.

*Na.*—On observe à cet égard que quoique les ponts paraissent avoir été brûlés méchamment et de dessein prémédité, que souvent le feu prend dans les bois, qu'il y brûle pendant tout l'été, que souvent il ne s'éteint qu'aux approches de l'hiver et qu'après avoir fait beaucoup de ravages.

Ces accidents proviennent le plus communément de l'inattention des sauvages, des chasseurs et des coureurs de geinseing à éteindre le feu qu'ils ont coutume de faire pour leurs besoins.

A la sortie de ce premier bois, le chemin prend à gauche jusqu'à une savanne, et à travers d'un défriché sur lequel était cy-devant une maison dont on voit encore les vestiges; il s'en faut beaucoup que le territoire y soit aussi bon que celui d'en deça de ce bois. Parvenu à la dite savanne, il est tiré en ligne droitte, et son allignement continue à travers. L'on a dit ce que c'était qu'une savanne, et fait mention des inconvénients de la traversée de ce bois, il ne reste qu'à faire savoir qu'à son extrémité il y prend tout court à droitte pendant 7 à 800 toises, et qu'il aboutit au dit fort St. Jean.

Arrivés au fort à 7 heures et demie du soir, salués aux approches de 7 coups de boite, reçus en dehors de son enceinte de Mr. d'Artigny, enseigne en pied y commandant, et des troupes en haye, y entrés, y accueillis gracieusement par Mde. d'Artigny, y donné l'ordre, y soupé avec le sieur Lacroix garde magazin, et sa femme, et couché dans la même chambre que le maître et la maîtresse du logement.

Ce fort est établi en dessus de tous les rapides de la rivière Richelieu et sur ses bords. Le mémoire envoyé à la Cour fait mention de sa scituation, de sa force et de sa construction. J'y ajouteray seulement qu'il est totalement en bois, que les bâtiments sont percés d'autant d'embrazures et de crénaux qu'il y en a de marqués au plan, et que les courtines sont telles que le profil les représente.

## LE 10

### DU FORT ST. JEAN ET DE LA ROUTE, LE 10, 11 ET 12 JUSQU'AU FORT ST. FRÉDÉRIC.

La pointe du jour venue, nous nous levâmes affin d'être en état de partir de grand matin. Parcourus le fort tant en dehors qu'en dedans. On ne saurait disconvenir qu'il ne soit d'une construction trop forte contre de la mousqueterie, et trop faible contre du canon, et comme il n'est pas possible d'y en conduire qu'à grands frais et avec beaucoup de peine, on se contente de n'y proposer que quelques augmentations capables de le rendre à l'abri d'un coup de main. On estime que la rivière y est large de 120 toises.

*Na.*—Qu'eu égard au peu de largeur de cette rivière, il faudra faire de la rive de l'est un défriché vis-à-vis de ce fort, sans quoy, un sauvage y embusqué, empêcherait d'en sortir, et même d'en approcher sans courir les risques d'y être assassinés.

Après avoir remercié Mr. et Mde d'Artigny de leur bonne réception, et pris congé d'eux, sortis du fort, salués des mêmes honneurs que j'y avais reçus en y entrant, et montés entre les 5 à 6 heures du matin sur un batteau de même figure, et même construction que celui qui m'a été fourni à Québec pour mon voyage. Il faisait un peu de vent du sud ouest, totalement contraire à la route à tenir, mais l'espérance de le voir tomber et l'envie d'aller de l'avant firent que nous nous embarquâmes sans hésiter.

Cotoyés la rive de l'ouest, j'apperçus les arbres *mâtachés*, et tout vis à vis la rivière de ce nom.

*Na.*—Cet endroit est nommé tel pour exprimer que dans un massacre qui s'y commit lors des premières guerres avec les sauvages, il y eut une si grande quantité de sang répandu, que les arbres en furent marqués.

De là, passés au petit détroit nommé tel, à cause que dans cet endroit la rivière y est étranglée.

Repris plus avant les terres de l'ouest, passés devant le débouché de la rivière à Bleury, laissés sur la gauche les quatre petites isles, la rivière du sud, et mis à terre pour diner, à la pointe à Boileau, située par le travers de la grande isle aux noix.

Que jusque là les terres de l'ouest sont extrêmement basses et marécageuses.

Que cette pointe à Boileau tire son nom d'un habitant qui y demeurait avant la guerre.

Que la barque de 45 tonneaux que le Roy entretient au fort St. Jean, pour transporter les vivres et munitions au fort St. Frédéric, passe entre la terre de l'est et la dite isle aux Noix.

Que le chenal y est balisé, et qu'on estime à 5 lieues depuis le fort St. Jean jusqu'à cet endroit.

Après avoir dinés et rembarqués, passés par le travers du barachois de Boileau éloigné de la pointe de ce nom de 400 toises, y traversés la rivière et joins les terres de l'est par le chenal d'entre ces dernières iles, continués ensuite à les longer ; vus du même coté la nouvelle habitation de Mde. de Croisy, scituée dans l'isle Langevin et la grande aux Têtes, et de l'autre le débouché de la rivière à la Colle, passés dans le chenal d'entre les dittes terres et les susdites isles aux Têtes. Apperçu encore à l'est l'ancienne habitation de la ditte Dame, y salués d'une vingtaine de coups de fusil que des sauvages y assemblés, me tirèrent, et mis à terre un peu au dessous, près de l'habitation du nommé la Bonté.

*Na.*—Que la distance d'entre la grande isle aux Têtes et la petite de ce nom n'est que de 300 toises. On nomme telles ces isles à cause d'un massacre de 14 Agniers par des français qui exposèrent leurs têtes au bout de piques.

Et que pour reconnaître la politesse des sauvages, je leur fis délivrer en passant une bouteille d'eau de vie.

Arrivés chez le dit la Bonté, soupés et couchés dans une grande tente qu'on m'avait fourni à Montréal, essuyés un orage des plus terribles toute la nuit accompagné de pluye abondante qui ne discontinua point, et de coups de tonnerre effrayants.

On estime 9 lieues du dit fort St Jean à l'habitation du dit la Bonté.

## LE 11

Levés de grand matin et embarqués à bonne beure.

*Na.*—Que les sauvages de la veille se trouvèrent à mon départ, sous prétexte de me saluer et de rapporter la bouteille vide, mais plus vraisemblablement par l'envie d'en avoir une autre pleine que je leur fis distribuer.

Que cet habitant n'est point encore bien établi, qu'il travaille à des défriches, mais qu'il est gêné par le pacage de ses bestiaux, le propriétaire de la seigneurie sur laquelle il est établi, et ceux des voisins ne voulant pas qu'ils les étendent ailleurs que sur le terrain qui lui a été concédé ; selon moi, il faudrait que la Cour

5

prononça sur cet objet, et que pour accélérer les établissements sur ces seigneuries et autres, elle autorisa d'y paccager partout, néanmoins jusqu'à temps seulement qu'elles seront pourvues et fournies d'une vingtaine d'habitants.

Suivis assez le milieu de la rivière, vus sur les terres de l'ouest, la pointe au Pin, et sur celle de l'est des vestiges de quelques habitations ruinées pendant la guerre, la pointe de l'Algonkin sur laquelle est établi un moulin à vent pour bled et tout joignant une anse du nom de la dite pointe.

*Na.*—Cette pointe est nommée telle par l'assassinat qu'un sauvage de cette nation y fit de 6 iroquois, de 7 qu'ils étaient ; comme l'aventure est aussi hardie que singulière, on va la rapporter ici :

Cet algonkin était prisonnier et attaché à un poteau sous la garde d'un des iroquois, et sa mort était assurée pour le retour des 6 autres qui étaient allés en chasse ; il avait une femme assez jolie de laquelle son gardien devint amoureux. Il s'en aperçut et peut être sa femme plus que lui ; quoiqu'il en soit, il lui dit de se prêter aux mouvements de son ennemi et que s'il lui restait encore de l'amitié pour lui, c'était une occasion de le remettre en liberté, qu'à cet effet elle n'avait qu'à répondre aux empressements de l'Iroquois, et que lorsqu'il serait entièrement livré à ses transports, de le percer d'un coup d'halêne à l'endroit qu'elle lui sentirait battre le cœur ; ensuitte, qu'elle s'en débarrasserait et viendrait lui couper ses liens. Ce conseil suivi à la lettre et mis à exécution bien adroitement, l'algonkin détaché acheva de mettre à mort son gardien d'un coup de casse tête. Il se saisit du fusil de son ennemi et s'en fut attendre les autres à leur retour de la chasse ; heureurement pour lui qu'ils s'en revinrent tous l'un après l'autre. Il tua le premier qui parut, et de son fusil il assassinat le second, et successivement trois autres. Quand au dernier, il ne fit que le désarmer et le renvoya au village de sa nation pour y porter la nouvelle de la défaite de ses camarades.

Au delà, rangés insensiblement les terres de l'ouest suivant le tracé marqué à la carte, vûs sur la gauche l'isle à la Motte, celle située à la pointe du nord, et à droite, le débouché de la grande et de la petite rivière de chagy, et l'anse plus proprement parler baye, d'entre ces deux rivières.

*Na.*—Que dans le fonds de cette anse, l'on découvre les ruines de quelques habitations.

Que sur l'une des pointes de l'ouest de l'isle la Motte, l'on apperçoit les vestiges de l'ancien fort français.

Que le débouché des rivières susdites se découvre au large par l'éclaircy que forment leurs cours dans l'épaisseur du bois.

Plus loin, suivis toujours les mêmes terres, y vus les pointes à la nazarde, et du détour, et sur la gauche la grande île de contre cœur, les quatre autres aux bois blancs et le chenal qui coupe cette première ; passés ensuite par le travers de l'anse à la grosse roche, et assez près d'un cap fort élevé. Là les rives sont hautes et deviennent montagneuses.

*Na.*—Qu'à ce cap se trouve ordinairement des serpents à sonnettes et que c'est le commencement du pays qu'ils habitent.

Cet anse et le dit cap doublés, passés par le travers de la Baye du Pérou, qu'on estime à 3 lieues enfoncée dans les terres ; doublés aussi la pointe de l'islette de ce nom. De là, mis à terre à la pointe au canot, scituée à peu près à même hauteur que les isles aux 4 vents.

On estime vingt lieues depuis l'habitation du dit la Bonté jusqu'à la dite pointe au canot—, il y eut jusqu'à huit heures du matin du calme, ensuite un vent de nord est qui permit de porter la voile, de manière qu'on allait grand train et qu'on arriva encore quoiqu'on eût fait beaucoup de chemin fort à bonne heure.

## LE 12

Embarqués à 4 heures du matin par un temps assez calme, rangés toujours les terres de l'ouest, y apperçus le débouché de la rivière à Baquet, et de l'autre côté les isles Woinoustic et Rodziou, doublés la pointe qui, forme la dite rivière, et de là parvenus au rocher fendu, nommé tel à cause d'une fente dont il est traversé.

Apperçus, assez vis à vis, l'Isle à la Peni, la Baye des 3 isles et la petite rivière aux loutres ; passés ensuite par le travers de la petite anse à St. Martin. Plus loing, laissé à gauche le débouché de la grande rivière du nom de cette dernière, les isles à Sabrevoix, à la barque, au boiteux, et à droite la grande anse du nom de cette baye, et encore à gauche les isles à l'ardoise, et enfin parvenus au fort St. Frédéric.

*Na.*—Que les terres de l'est se soutiennent assez unies et plattes, mais que celles de l'ouest sont montagneuses, escarpées et proprement fermées d'une chaine de roches ; qu'il n'y a aucune habitation ni moyen d'en établir, mais que de l'autre côté l'on en apperçoit par le travers des isles à l'ardoise qui se continuent jusqu'au dit fort et même au delà.

Salués aux approches de ce fort de 21 coups de canon et reçus au dehors par Mr. de Lusignan, capitaine d'une des compagnies de la marine y commandant, par les officiers de la garnison, par l'aumonier, par le garde magasin et par autres gens y résidants, et en dedans, par la garde en haye et fusil sur l'épaule ; montés ensuite dans la redoute, y accueilli gracieusement par Mde. la commandante. Ensuitte, passés dans l'appartement qui m'était destiné, y reposé et y décrassé. Après quoy soupé au mieux et y retiré à bonne heure.

On estime 13 lieues de la pointe au canot au dit fort. Pourtant, suivant l'état des 3 journées employés à ce voyage, il n'y aurait depuis le fort St. Jean que 42 lieues, mais on en compte communément 45.

## LE 13

### DU FORT ST FRÉDÉRIC.

Levés de grand matin pour visiter les ouvrages de l'enceinte, les batiments y renfermés, ceux du dehors, la hauteur qui domine ce fort, et raisonnés sur tout ce qui intéressait sa situation, sa deffense, ses avantages et ses défauts, sur l'exploitation qui s'y fait par économie pour le bien et le soulagement de la garnison, et enfin sur les habitations établies dans les environs et des moyens de les augmenter. De toutes ces connaissances prises a été formé le mémoire envoyé à la Cour. Ce serait une répétition que d'en traiter davantage ; ainsi on ne parlera icy que de ce qui peut avoir échappé en rapport à quelques uns de ces objets.

Dans les conversations tenues avec le commandant, officiers, particuliers et autres, je crus m'appercevoir qu'il y avait entre eux beaucoup de mésintelligence. Je ne me trompais point. Mr. de Lusignan même s'en ouvrit avec moi ; il se répandit beaucoup en plaintes, sur la conduite de tout ce qui était sous ses ordres, que les uns étaient des ivrognes, et que d'autres, sans avoir selon lui, d'autres raisons que beaucoup d'humeur, ne les voyaient point ni lui ni sa famille. Cet exposé combiné avec ce que m'avaient dit ses officiers, je fus en état de constater que leur mésintelligence provenait d'où ? du maudit intérest. Mde. Lusignan avait un magasin de toutes sortes de marchandises, même des prohibées, qu'elle tirait de la Nouvelle Angleterre par voye des sauvages, qu'elle souffrait impatiemment que d'autres qu'elle y fissent le moindre commerce, et que comme elle délivrait le plus souvent en payement de ce qu'elle achetait de l'eau de vie, elle engageait son mary à défendre à qui que ce soit d'en vendre en gros ni en détail dans ce fort. En un mot, elle voulait s'approprier le privilége exclusif de tout acheter et débiter ; elle étendait même ses droits jusque sur le geinseing. Tous les autres, révoltés de ce despotisme, disaient que le commandant n'était point compétent de leur empêcher la traite d'aucune marchandise quelconque, qu'il leur était permis autant qu'à lui de gagner de l'argent et qu'enfin ils ne cesseraient point ni leurs mouvements ni les petites relations qu'ils avaient établis à cet égard.

Des difficultés de cette nature entre officiers me parurent nouvelles, d'autant qu'en France, si l'on connaissait dans un corps qui eut le moindre intérest, dans tel commerce que ce fût, hors celui qui se fait par mer, en gros, on le forcerait à renoncer à son emploi. L'esprit et les sentiments qui y règnent sont absolument opposés à celui des troupes de cette colonie. Je le dis et le répète, un officier dans ce pays ne se prête aux intérests du Roy et du service, qu'autant que le sien particulier s'y trouve ; il serait bon, je crois, de reformer cette façon de penser, et pour y parvenir, mon avis serait qu'on défendit tout commerce quelconque aux officiers sous peine d'être cassés, mais que l'on prit sur le revenu de l'exploitation des postes à leur profit, ainsi qu'il est proposé, page 32, ou sur le produit des congés que l'on vend tous les trois ans pour chacun des dits postes, de quoy faire une gratification à ceux qui y seraient employés et dans les forts proportionnellement au plus ou moins de difficultés qui se rencontreraient pour y vivre.

Enfin, il n'y avait point jusqu'au garde magazin nommé Laforce qui ne fut en butte au commandant, et cela pour le débit de l'eau de vie aux habitants et aux soldats. Le premier soutenait qu'il lui fût permis d'en débiter, et l'autre prétendait que ce privilège lui était déféré de droit à titre de cantine. Débat sur débat survenu ; enfin, il arriva que quatre à cinq soldats désertèrent, et qu'on en attribua la raison aux dettes qu'ils avaient contractées en la dite cantine. Plaintes sur plaintes de la part du dit Laforce à Mr. Varrin, commissaire à Montréal, dont l'effet a été d'obtenir un ordre de Mr. de Longueuil, commandant général en cette colonie, après la mort de Mr. le Marquis de la Jonquière, portant deffense à Mde. Lusignan de vendre dorénavant, et en même temps le garde magasin se trouva revêtu du privilège d'en débiter. Il est aisé de sentir combien ce commandant souffrit de l'exclusion qu'on lui donnait, et encore de la préférence que l'on accordait sur lui,—à qui ?—à un garde magasin protégé du dit commissaire. D'où s'en suivaient des soupçons que trop bien fondés que le protecteur retirait la moitié du profit.

C'est dans ces entrefaites que j'arrivay au fort. Mon avis serait que pour soutenir chacun dans ses droits, que vu la malheureuse habitude que les habitants et les soldats de cette colonie ont contractée de boire de l'eau de vie le matin, soit qu'ils travaillent dans la journée ou qu'ils soient dans l'inaction, et l'usage des cantines établies au profit de l'état major dans les places de guerre, que le Commandant dans les postes et forts de cette colonie, ont seul le droit de faire débiter de l'eau de vie dans un endroit éloigné de son logement, et établi à titre de cantine, mais à un prix fixé par M. l'Intendant, relativement aux frais qu'il en coûterait pour le transport d'une barrique d'un quart ou d'une volte de cette liqueur.

J'appuyerays cet établissement sur le bon ordre à observer dans les cantines, sur la deffense d'en vendre à crédit aux soldats, sous peine de perdre les dettes qui pourraient être contractées, et qu'aux heures permises, et enfin, que personne n'est plus en état que le Commandant de soutenir cette règle ; à charge que s'il y contrevenait, d'être déplacé et privé pour toujours de tout autre commandement quelconque.

Le soir, mon dessein était d'aller reconnaître le lac St-Sacrement. Je pris des arrangements pour partir le lendemain à bonne heure ; Mr. de Lusignan voulut être du voyage et comme il nous restait encore beaucoup à parler de ce fort, nous remîmes à en discourir de nouveau à notre retour.

## LE 14

### ROUTE DU FORT ST. FRÉDÉRIC AU LAC ST. SACREMENT.

Sortis du Fort St. Frédéric et embarqués entre 7 à 8 heures du matin sur le même batteau qui m'y avait amené, et sous la conduite d'un homme pratique pour remonter cette rivière.

Suivis assez son milieu, vus à l'ouest le domaine du Roy qui s'étend jusqu'aux limites de la concession du nommé Lafonderie, et le moulin dont on a parlé dans le mémoire de la Cour ; et à l'est la pointe à la chevelure qui fait partie d'une seigneurie de 6 lieues de face à la rivière sur autant de profondeur concédée à Mr. Hocquart.

*Na.*—Cette pointe ressemble à une presqu'île d'autant qu'elle est contournée d'un marais vazeux en été, et totalement couvert d'eau en hivert. Le dit fort St,

Frédéric y aurait été mieux placé qu'à l'endroit où il est, et aurait inquiété, par un feu razant, tout ce qui aurait passé par la rivière.

Au delà du dit moulin est la pointe de Longueuil, et tout vis-à-vis se trouve l'entrée des eaux dans le marais susdit.

Au dessus de la dite pointe est l'anse à Corbin, un peu au delà la pointe de ce nom, et à peu près par leur milieu, débouche de l'autre côté un ruisseau qui sort de terrains défrichés.

Plus loing apperçu à l'ouest la pointe à la croix, et un peu au delà du même côté, celle de Beaurozier, avec anse du même nom tout joignant ; un peu plus avant, la rivière se retrécit sur environ 600 toises de longueur à 150 de largeur, et par le travers de cette distance, débouche au côté de l'ouest la rivière à la Barbüe qu'on ne peut guère pénétrer qu'environ une lieue, attendu qu'elle est traversée de quantité d'arbres et de rapides que produisent les hauteurs d'où elle débouche.

Plus loing la rivière s'élargit et forme à l'est une presqu'île, sur laquelle on prétend avoir vu un essaim de mouches à miel. Cela ne serait pas surprenant, d'autant que dans cette partie de rivière, le climat y est incomparablement plus chaud qu'à Montréal, et que d'ailleurs il se pourrait qu'elles provinsent de la Nouvelle Angleterre où il y en a beaucoup.

Au delà de cette presqu'île, la rivière s'élargit encore, et plus avant, toujours sur les terres de l'est, est l'anse au Panier et la pointe de ce nom.

*Na.*—Qu'étant par le travers de cette anse le nommé Boileau, notre conducteur apperçut un orme qu'il connaissait creux, dans lequel il soupçonnait que des serpents à sonnettes se retiraient. Il faisait grand chaud et le ciel était net ; ainsi, quoique notre voyage fut de 6 lieues pour aller et autant pour revenir, il nous restait assez de temps pour rejoindre le fort frédéric ; d'ailleurs, curieux de connaître ces animaux, poussés à terre tout de suitte, notre guide y ayant descendu le premier. A peine eût-il fait vingt pas qu'il en apperçut un, roulé, qui dormait tout auprès de l'arbre sus-dit, et comme il s'était muni d'un aviron, il l'assomma dans un instant. Je l'avais suivi de près. Ainsi, je fus témoin de cette exécution. Il lui coupa ensuite la teste qu'il cacha sous une grosse pierre, et il se mit à écorcher l'animal jusqu'aux sonnettes seulement, et à l'ouvrir pour en tirer la graisse. C'était une femelle de 3 pieds 10 pouces de longueur, tête blanche, pleine de trois petits, longs déjà de 6 à 7 pouces. Cette opération finie, il se baissa pour prêter l'oreille au pied de l'arbre ; en se retirant il prétendit entendre le bruit de quelques sonnettes, partant, qu'il y en avait autre. Comment faire pour l'obliger à sortir ?—on frappa beaucoup contre l'arbre ; il ne venait point et nous n'avions point de hache pour le couper ; nous nous avisâmes d'un expédient qui réussit : ce fut de faire une fusée avec de la poudre, et de la pousser, allumée, dans le trou de l'arbre ; la première s'éteignit, mais la seconde fit déloger l'animal. A peine la tête parut-elle au dehors, qu'on la saisit contre terre avec encore un des avirons ; on la lui coupa tout de suite ; alors il fut aisé d'attirer le corps ; il avait mesure comme l'autre de 4 pieds 3 pouces de longueur sur 10 de grosseur en circonférence ; on lui fit la même opération. C'était un mâle. On en fit fondre la graisse au soleil pour en avoir l'huile qu'on dit meilleure pour guérir des rhumatismes. Je m'en emparay, ainsi que des sonnettes, mais moins par besoin que par curiosité.

On prétend que cette huile est si subtile à l'instant qu'elle est faite, qu'en en mettant tant soit peu dans le creux de la main, elle transpire de l'autre côté.

Après cette opération, on reprit la teste au bout d'un couteau, et d'un autre on ouvrit la gueule pour y découvrir où se tient le venin. C'est dans un petit sac logé dans la partie inférieure et couvert d'une pointe avec laquelle il le darde.

Ces animaux ne sont point dangereux ; au moindre bruit qu'ils entendent, ils fuyent. Ils ne s'élancent qu'autant qu'on les inquiète, qu'ils sont roulés et de leur longueur seulement, de manière qu'il est aisé de s'en garantir ; c'est ordinairement aux jambes qu'ils s'attachent. De tous les remèdes dont on se sert pour prévenir les suites fâcheuses de leur morsure, le plus sûr aujourd'hui c'est le sel mâché que l'on applique à l'endroit ou l'on a été piqué ; ainsi tous les voyageurs des pays d'en haut en sont munis ; plus on avance vers le sud, plus ces animaux sont communs. Au détroit par exemple, il y en avait une si grande quantité qu'on ne pouvait aller dans les bois sans des précautions. On ne les a détruits totalement qu'en y répandant des cochons. Ces animaux immondes leur font une si cruelle guerre, qu'ils les mangent plus vifs que morts.

Ensuitte du même côté est l'anse à la bouteille, dans laquelle est la pointe aux Gravois; plus avant, sur les terres de l'ouest est l'anse à cadanarette. C'est l'endroit le plus large de la rivière; on estime une grande demie lieue d'un bord à l'autre.

Depuis là jusqu'à la pointe à Carillon, située encore sur les terres de l'ouest, il n'y a plus ni cap, ni anse, ni pointe, et du côté de l'est sont seulement deux pointes; ensuitte la rivière à Desjardins, du nom d'un sergent qui s'y est pendu, et au delà, sur le retour de la droite du cap au diamant, est le marais des serpents à sonnettes qui pénètre, portant canots, deux grandes lieues dans les terres.

*Na* —Joignant la dite pointe à Carillon dont on a parlé amplement dans le mémoire de la cour, est l'endroit nommé vulgairement le campement de monsieur de St. Pierre.

De là, en avant, coloyant toujours la rive de l'ouest, doublé la pointe du chenal qui conduit au saut du lac St. Sacrement, laissé sur la gauche un platier couvert de joncs, fait à sa pointe d'amont la traversée du chenal pour joindre la rive du sud, cotoyé les bords et mis à terre vis à vis une petite île de sable, située à 40 toises en dessous du dit saut.

*Na.*—Qu'en coloyant les bords de ce chenal, l'on apperçoit un serpent à sonnettes qui traversait la rivière, qu'on lui tira plusieurs coups de fusil, et qu'on ne le tua qu'à l'instant qu'il joignait la terre de l'ouest ; on fût le prendre. Il était long de 4 pieds 7 pouces, et on lui fit la même opération qu'aux deux autres cy-dessus.

*Na.*—On estime du dit campement susdit de Mr. de St. Pierre jusqu'au dit saut ¾ de lieue.

Ensuitte suivi un sentier qui traverse le portage du lac St. Sacrement et abboutit à la rivière de la décharge de ses eaux. Le chemin est un peu montagneux à l'entrée, mais plus avant, il est plat et uni ; le bois même y est assez clair, on estime aussi cette traversée de ¾ de lieue.

*Na.*—Ce portage est la route la plus fréquentée que tiennent les sauvages attachés à notre gouvernement pour aller faire la traite du castor et de leurs pelleteries chez les Anglais, d'où ils rapportent en échange quantité de marchandises prohibées. Cette rivière de la décharge des eaux du lac St. Sacrement est estimée 80 toises de largeur mesurée vis-à-vis l'endroit où débouche le sentier cy dessus, et sa longueur une demie lieue depuis sa séparation d'avec le lac jusqu'à la chute de ses eaux. On observe que dans son cours elle est traversée de cinq isles.

Parvenus à l'endroit de ce portage, on aboutit à ce sentier. L'on découvre dans le fond de cette rivière quelques unes des iles sus-dittes, et plus loing, des montagnes fort élevées que l'on assure former le sud du dit lac, de sorte qu'il s'étend vers le nord ; il s'élargit à mesure que l'on pénètre, et sa traversée estimée 18 lieues de longueur est si coupée d'une si grande quantité d'iles, qu'un voyageur ne saurait les compter.

Le portage qui suit est de cinq lieues, toujours à travers le bois ; il joint la rivière d'Orange, où l'on s'embarque jusqu'à la ville de ce nom, ou bien l'on s'arrête chez des marchands anglais nommés *Ledis*, établis à la rive du sud et à une lieue seulement du dit portage, ou enfin au fort de Parasto, construit à la rive gauche, à l'endroit où la rivière de ce nom se confond dans celle d'Orange. On prétend que ce fort est totalement construit en bois, que de là jusqu'à la ville, il n'y a que 10 lieues, et que si l'on ne veut s'y rendre par eau, il y a un grand chemin formé au coté du sud, propre à pied, à cheval et à toutes voitures.

Cette rivière d'Orange est estimée large vis-à-vis l'habitation des sus-dits marchands de 180 toises ; elle y est même assez rapide. Elle reçoit dans son cours jusqu'à cette ville, au côté du Sud la rivière du Soleil levant, celle des Iroquois et deux autres du nom de

Corbac. Ces deux dernières conduisent au poste de Chouaguen dont on a parlé, page 70.

*Na.*—Encore qu'indépendamment de la route par ce lac que les anglais sont pour se porter sur nos possessions, il en est encore un autre par la rivière au Chicot. Il est vrai que celle-ci est plus longue que l'autre, que la navigation y est point aisée, et que le portage le plus resserré d'entre cette rivière et celle d'Orange est au moins de 12 lieues; mais comme on l'a pratiqué dans la dernière guerre pour aller dévaster quelques uns de leurs villages, et prendre le fort de Parasco, ils peuvent s'en servir également pour se rendre sur nous; aussi l'on serait d'avis de construire un fort en pieux. Au portage du Saut du Lac de St. Sacrement est un autre au débouché de la ditte rivière au chicot. Sûrement ces établissements nouveaux contiendraient nos voisins et leur donneraient de l'inquiètude, principalement s'il était possible d'attirer à ce dernier un village sauvage à titre de mission; si l'on répugne à ce parti, il faut renoncer aux habitations qu'on a dessein de former tout le long de la rivière du lac Champlain jusqu'au marais à Sonnettes, du côté de l'Est, et du coté de l'Ouest jusqu'au campement de Mr. de St. Pierre, à moins que pour en assurer la tête et les protéger, on ne voulut établir la ditte mission sur la rivière à des jardins; ou à partir du dit marais des serpents à sonnettes, dont on a fait mention cy-dessus.

Du retour du dit portage, embarqués à quatre heures du soir, repris la route qu'on avait tenue en venant, essuyés un orage furieux, et des lames qui traversaient le bateau de part en part, et arrivés au fort St. Frédéric par un temps fort obscur entre 10 à 11 du soir.

***

### LE 15

*Suitte du Fort St. Frédéric. On pourra connaître de sa fortification au mémoire à la Cour.*

#### SÉJOUR AU FORT ST. FRÉDÉRIC

Profité de ce séjour pour visiter encore les fortifications de ce fort, ses bâtiments, ses environs, et pour discourir de nouveau sur tout ce qui paraissait intéresser le service. Comme on en a traité amplement au mémoire de la Cour et même cy-devant, on ne fera mention icy que de ce qui peut être échappé.

Ce qu'on a dit de la redoute et de l'enceinte de ce fort, en fait assez connaître les défauts et les avantages ; ainsi on ne s'y arrêtera plus. Il suffira de faire connaître que tous les murs de revêtement sont mal conditionnés, que la plupart, quoique faits depuis 6 à 7 ans seulement, assis sur un fonds solide et avec de bons matériaux souffrent, sont lézardés et menacent ruine ; et enfin que la mauvaise façon qu'on y remarque est une suitte de l'imitation qu'on apporte à tout ce qui intéresse les dépenses du service, et du système qu'on s'est fait dans ce pays qu'on peut tromper impunément le roy en vue de s'enrichir.

A l'égard des bâtiments, il n'y a proprement que ceux appuyés à la courtine de l'entrée dans ce fort qui soient durables, leur construction étant en maçonnerie. Ils servent d'un côté, à usage de logement pour les soldats, pour un enseigne, pour corps de garde et pour l'hopital, et de l'autre pour l'interprète de la langue Abénakie, qu'on entretient aux appointements de 300 francs ; et pour le lieutenant de la compagnie y détaché, tous les autres bâtiments totallement en bois et à usage de bâtiments.

La chapelle est d'une construction légère, trop petite eu égard aux habitants qui n'ont point d'autre église ; et les ornements y sont indécents.

Au dehors de ce fort sont quelques bâtiments à usage de la régie par économie du domaine du roy ; les uns servent d'écurie pour les chevaux et les vaches, et les autres à loger un forgeron, un chartier et une veuve.

A portée de ces bâtiments situés sur la droite de l'entrée, dans ce fort, et sur les bords de la rivière, sont quelques jardins fermés et séparés par des pieux plantés vraisemblablement au compte du roi. La terre y est bonne, franche, et produit d'excellents légumes, entr'autres, des melons parfaits, mais on voudrait que la culture en fut encore à la charge de sa majesté. Leur entretien occasionne de la jalousie entre le commandant et le garde magasin, d'autant que ce dernier, chargé des dépenses, est soupçonné les étendre à son profit autant qu'il peut et que son jardin s'en ressent.

Mon avis serait pour rétablir le bon ordre dans les dépenses de ces forts éloignés, que le commandant proposa à M. l'Intendant les ouvrages à faire tous les ans en réparations, et d'autres auxquels oblige leur entretien journalier ; qu'il les fit exécuter suivant l'ordre qu'il en recevrait, qu'il en arrêta les états de dépenses, et que le garde magasin chargé des fonds délivra de l'argent aux ouvriers, moyennant un reçu en forme, et en présence de témoins au bas des dits états.

Vis à vis de ce fort, de l'autre côté de la rivière, est la pointe à la chevelure ; et au nord de la pointe sur laquelle il est établi, est une baye d'une lieue de profondeur; au sud le moulin, et à l'ouest un défriché propre à mettre en culture, mais si peu étendu du coté de la hauteur, qu'on ne pourrait se promener autour de son enceinte, à l'abri des insultes des sauvages.

Au dehors de ce fort sur la gauche de l'entrée est une espèce de tranchée pratiquée dans le roc, autant par l'art que par la nature ; elle aboutit d'un coté dans le fossé du pont-lévis et de l'autre à la rivière. L'objet de son établissement est de pouvoir aller prendre de l'eau à la rivière dans les circonstances que le fort serait bloqué, mais on observe qu'on ne saurait en faire usage sans laisser le pont lévis et sans exposer ceux qui descendraient par une échelle dans le dit fossé, et au débouché de la rivière, aux risques d'y être assassinés ; il fallait au moins pour mettre ce passage en vigueur, le continuer par une galerie souterraine jusque dans le fort, affin de n'être obligé à aucune manœuvre visible pour le fréquenter ; cela n'ayant point été fait lors de sa construction, il faut y renoncer et s'en tenir à la citerne projettée au mémoire de la Cour.

ARRANGEMENTS

A ordonner au bien du service de ce fort et des établissements établis dans les environs, il faudrait que le commandant fût tenu d'envoyer tous les ans au général un recensement des habitants qui sont répandus le long du lac champlain, affin de pouvoir juger d'une année à l'autre du progrès de cet établissement.

Que la Cour accorda les vivres à tous les nouveaux établis pour 3 ans, et que le dit commandant arrêta l'état de ceux qui cesseraient d'en recevoir, et des autres à qui on les continuerait pour juger d'un coup d'œil de l'objet de cette dépense. Que le dit commandant exigea une déclaration des défrichés qu'ils feraient tous les ans de la quantité d'arpents qui seraient en culture, de grains qu'ils auraient recueillis et de ce qu'ils pourraient en vendre tous les ans, afin de les acheter pour la subsistance de ce poste. Au moyen du moulin qui s'y trouve on les ferait moudre, et ils seraient en déduction de la fourniture complète qu'il faut attirer de Montréal ; partant, autant de frais de transport épargnés.

Que tous les soldats de cette colonie qui seraient dans le dessein de faire des établissements fussent envoyés dans cette partie ; qu'on leur y fournit la ration comme s'ils étaient à la troupe, les outils propres à travailler la terre et les semences pendant 3 ans seulement, à charge par eux de défricher 2 arpents par année, de se loger, de se marier, et d'être punis suivant la rigueur des ordonnances, pour les déserteurs, au cas qu'ils abandonnassent et passassent ailleurs ; c'est le seul moyen de former des habitations, moyen d'autant plus sûr que M. de Frontenac, ancien gouverneur de la colonie, le mit en pratique avec beaucoup de succès ; et enfin, pour ne pas constituer le roi en soldats surnuméraires au complet des compagnies, si l'on était content de leurs travaux, ils seraient congédiés.

Que le commandant informa exactement Mr. le général et Mr. l'Intendant des réparations à faire tous les ans en entretien, aux fortifications et aux bâtiments, pour que, suivant les ordres qui lui seraient envoyés, on ordonna d'y travailler en évitant par ce moyen leur dépérissement.

Enfin, que comme on oblige tous les soldats factionnaires des compagnies de bûcher tous les hiverts 15 cordes de bois au prix de 20 à 30 sols pour leur chauffage et celui des officiers et de tous les employés dans ce fort, que cette sujettion les révolte et leur fait saisir le dessein de déserter, que 3 l'année dernière et 5 celle-cy ont passé chez les anglais et ont déclaré que cette corvée en était la cause, on serait assez d'avis qu'on les en exempta, et que le bois indispensable au chauffage fut exploité aux frais du roi et en la forme mentionnée au mémoire de la cour.

**LE 16**

*Suitte de la route depuis le fort St. Frédéric par le lac Champlain jusqu'au fort Chambly.*

Sortis du fort St. Frédéric entre 6 à 7 heures du matin, salué des mêmes honneurs que j'avais reçus à mon entrée ; après avoir fait mes adieux à tout le monde, pris congé de Mr. de Lusignan et accompagné de tous les officiers, embarqués tout de suitte et cotoyés les terres de l'est.

Vu en passant la sortie des eaux du marais qui contourne la pointe à la chevelure.

Passés ensuitte entre la grande terre et les 2 isles à l'ardoise, et dinés à celle du large.

*Na* —Que depuis la dite pointe à la chevelure et ces isles, sont 6 autres pointes, entr'autres celle de la Peur, qui est la dernière.

Rembarqués à une heure après midy; laissés sur la gauche l'isle au boiteux.

*Na.*—Que depuis l'isle au boiteux jusqu'à celle-cy sont cinq anses, et qu'après avoir doublé la ditte rivière et une autre anse de son nom, fort étendue et à titre de grand marais.

Et que cette rivière aux loutres remonte au moins 30 lieues dans les terres, qu'elle est navigable en canot, et qu'elle présente des facilités pour pénétrer chez les anglais.

Au delà, cotoyant toujours la grande terre, passés par le travers du dit marais et mis à terre pour coucher dans l'anse au chevreuil, située sur la gauche du débouché de la petite rivière aux loutres.

On estime depuis le dit fort St. Frédéric jusqu'à cet endroit 7 lieues; comme le vent était contraire on fit peu de chemin ce jour là.

## LE 17

Passés par le travers de la petite rivière aux loutres, doublés le cap au chevreuil, cotoyés la grande terre de la baye des trois iles, et passés entre elle et l'isle à la Peur.

Au delà, rangés les terres de l'est des isles des quatre vents, laissés à droite la baye des serpents, la pointe au Plâtre, celle au calumet, l'isle Rodziou, la pointe à la miscoine, l'île Woinoustic, celle d'Ouinousky, et plus loing celle à la souris, cotoyés les terres de l'est de l'isle aux cèdres et y descendus pour y déjeuner.

*Na.*—Qu'étant à l'isle aux cèdres, on y prit des connaissances de tout ce qui intéresse le chenal qui conduit à la baye de Michiscouy que j'avais envie de la pénétrer, mais que comme le vent était tant soit peu forcé, et d'ailleurs contraire, les canotiers craignirent de l'y trouver trop fort, et ils me déterminèrent à ranger les terres de l'ouest de la grande isle de Contrecœur; et qu'entre la rivière au Sable et Ouinousky, c'est l'endroit le plus large de celle de Champlain; on y estime quatre à cinq lieues d'un bord à l'autre.

Rembarqués une heure après, cotoyés la dite isle, ensuite celle de la pointe au sud de la ditte isle de Contrecœur, laissés à gauche le rocher rodziou et l'isle de la Providence, rangés les terres de l'ouest de la grande isle, et dinés dans la seconde des anses, qu'elle forme dans cette partie jusqu'au chenal qui la traverse.

Après le diner pris au large pour laisser sur la droitte les isles aux bois blancs, apperçus par le travers du chenal de la pointe du sud de l'isle la motte, et celle du nord de la ditte de Contrecœur, la pointe de la Baye de Michiscouy,—rangés les terres du ouest de la ditte isle la motte, vers les deux islets de sa pointe du nord, et suivis au delà le milieu de la rivière, et descendus à l'habitation du nommé la Bonté.

*Na.*—Que depuis le lac St. Sacrement jusqu'à la pointe à l'Algonkin, les bords de la grande terre et les isles dont on a parlé, sont couvertes de toutes sortes de bois, comme :

Erable
Plaigne—espèce d'érable—
Frêne
Cèdre rouge
Cèdre blanc
Chène rouge
Chène blanc
Hêtre
Epinette blanche
Epinette rouge
Prûche
Pin rouge
Pin blanc
Bois blanc.

Et quantité d'arbrisseaux, entr'autres des cotonniers, des vinaigriers et des génèvriers ; que cette rivière est extrèmement poissonneuse, qu'elle fournit abondamment des masquinongés, des carpes, des achigans, des barres, des poissons dorés et quantité d'autres excellents à manger.

Qu'en voyageant sur cette rivière, on rencontre toujours des canots sauvages qui vont chez les Anglais ou en reviennent, et que même comme il y en a toujours quelques uns cabannés le long des petites rivières qui débouchent dans celle-cy ; ils se présentent pour vendre des quantités de chevreuil, ou de l'ours, qui sont très communs dans ce canton.

Qu'après avoir raisonné de nouveau avec le dit la Bonté sur son établissement, j'entrai chez lui ; je fus surpris d'y voir un jeune chevreuil apprivoisé comme un agneau, sautant, gambadant d'un lit à l'autre et léchant et caressant comme un chien. L'envie me prit de l'acheter. Son petit caractère, joint à la singularité de sa robe qui était matachée de blanc et de rouge, m'invitèrent à proposer au maître de l'acheter et de me le céder ; il eut peine à y consentir et ses enfants encore plus ; mais, à la vue de deux écus de 6 livres, il fut à moi.

Et que Mde. Croisy, dont on a fait mention, vint me présenter de la part de Mr. de Noyan, major de Montréal, deux canards branchus, nommés tels à cause qu'ils perchent sur les arbres ; le mâle est d'un plumage curieux, gros, et la femelle, beaucoup plus mince. Je les acceptai pour les porter en France.

## LE 18

Sortis de chez la Bonté à 6 heures du matin, passés tout le long des terres du ouest de la grande isle aux têtes, laissés à droite celle Langevin, à gauche le débouché de la rivière à la côte, au delà, encore à droite la grande isle aux noix, et les deux islets de sa pointe d'amont et d'aval, la rivière du Sud, les quatre petites isles, et à gauche, la rivière Bleury ; un peu au dessous est l'endroit nommé le petit détroit.

Passés par son milieu, en laissant d'un coté, à gauche, les arbres matachés, et de l'autre, la rivière de ce nom, et arrivés à onze heures du matin au fort St. Jean.

On estime que sous le commandement du fort St. Jean sont 12 habitations, et qu'il conviendrait y en attirer un plus grand nombre, affin de les lier avec celles du lac Champlain, et par succession, pour voir joindre celles-cy à d'autres dépendantes du fort St. Frédéric.

Mis à terre au fort St. Jean pour remercier de nouveau le commandant des politesses que j'en avais reçues, et de Mde. son épouse, pour y débarquer une partie de mes canotiers, pour y prendre d'autres pratiques du dessous de cette rivière, et des trois rapides qu'il faut sauter et pour indiquer à ceux qui étaient descendus le chemin qu'ils devaient tenir le long de ses bords pour se rendre au fort Chambly où mon batteau de Québec parti de Montréal m'attendait. Après avoir passé environ une heure dans ce fort, rembarqués, fait route par le milieu de la rivière environ un quart de lieue jusqu'à l'endroit où commence le rapide St. Jean. Les eaux étaient extrêmement basses, et nos conducteurs prévoyaient des difficultés à le sauter et encore plus aux deux autres ; néanmoins, après s'être concertés ensemble pour la routte à tenir, ils se laissèrent dériver à l'endroit où le courant leur paraissait le plus fort, et où il formait moins de chutte; y parvenus, ils évitaient les rochers avec des perches, mais malgré leur précaution et les secousses qu'on esssuyait à chaque instant, que le batteau y touchait, ils l'échouèrent. On eut beau pousser, il n'y eut pas moyen de le retirer. Il fallut que deux des gens se missent dans l'eau jusqu'au dessous des bras; enfin à force de le soulever, ils le mirent en mouvement. On continua de marcher en zigzag par le travers des passages d'entre une roche à l'autre, et toujours en gardant le milieu de la rivière; parvenus au dessous de ce rapide, laissés à gauche le débouché de la rivière St. Jean, un petit islot au dessous, à droite l'endroit nommé les mille roches et suivis le chenal d'entre l'ile Ste. Thérèse et la grande terre du ouest.

*Na.*—Que ce rapide est estimé long de 750 toises, et que par le travers de l'Ile Ste. Thérèse, débouchent de la grande terre de l'est deux ruisseaux.

Ce passage est bon et net, ne présente rien de remarquable que la rivière des Iroquois qui débouche à peu près par son milieu. A son extrémité d'en bas est un islet, et environ à 500 toises au delà, sur la grande terre sont les ruines de l'ancien fort de Ste. Thérèse distant du rapide de ce nom de 400 toises.

*Na.*—Que cette isle de Ste. Thérèse a de longueur une lieue ; qu'elle est toute boisée, et que dans le milieu de la distance de cet islet et le dit fort est le fourneau au goudron.

Mis à terre à ce fourneau plus par curiosité que par besoin, discourus avec les ouvriers et employés, et constaté le détail cy-après.

## EXPLICATION

### DE LA CONSTRUCTION DE CE FOURNEAU AU GOUDRON

Ce fourneau est fait en forme de cône ou de pain de sucre renversé, de 11 à 12 pieds de profondeur sur 22 à 24 pieds de diamètre à son ouverture A, et de deux dans le fonds ; les parois B sont couverts de pierres sèches et minces, posées à sec pour empêcher que le goudron en coulant n'entraine de la terre dans le fond. Un gril K de 8 à 9 pouces en quarré, fait en fer de 2 pouces de grosseur, construit en damier, de sorte que les cases peuvent être chacune de 2 pouces quarrés. Ce gril est posé sur l'ouverture d'un tuyau E, de trois pieds d'hauteur, élevé en maçonnerie, bien perpendiculairement, et percé dans le fond sur l'un de ses côtés pour la facilité d'y appliquer l'auget F, fait en bois, posé un peu en pente ; il débouche au bas d'une tranchée faite dans le talus des terres, et au soutien desquelles on employe des fascines de bois équarris, du gazon, et en un mot de tout ce qu'on trouve de convenable pour en empêcher l'éboulement.

### MANIÈRE DE CHARGER LE FOURNEAU

L'on commence par assujettir un arbre L de 3 à 4 pouces de diamètre, bien à plomb, d'autant d'hauteur en dessus du fourneau comme il y a de profondeur jusqu'au gril sur lequel il est posé ; on arrange tout le long des parois des brins de racines de bois de pin, longues de 18 à 20 pouces et de 3 à 4 pouces de grosseur au pourtour, et posés suivant les traits marqués à la coupe du fourneau, de manière qu'ils aboutissent tous à l'arbre L dans l'agencement de ces brins. L'on observe au pourtour D d'y en mettre d'autres coupes au fil des arbres : on les nomme chandelles, attendu qu'ils s'enflamment aisément et que c'est dans cinq ou six endroits et même plus de la circonférence que l'on y met le feu. Après que le fourneau est chargé autant en dessus qu'en dessous, comme la figure le représente, et quand il est entièrement rempli, on le couvre de gazon plat pour empêcher l'air d'y pénétrer par la bordure D ; on le laisse ensuite brûler, et à mesure que ces bois se consomment, ils se dépouillent de leur gomme qui suit la direction des couches des brins jusqu'à l'arbre tout le long duquel elle coule et tombe par les cases du gril, dans le tuyau E, ensuitte dans l'auget F, d'où elle se renverse dans l'entonnoir G, et après dans la barrique H.

*Na.*—Que plus les racines sont vieilles, meilleures elles sont, de sorte qu'on s'attache autant qu'on peut à prendre les souches dont les arbres sont morts sur pied ; on les pend sous un haugard ou grand couvert, de manière que tous les brins s'y dépouillent par l'air des parties acqueuses dont elles peuvent être chargées ; qu'on fait d'une fournée semblable 80 barriques de goudron de 60 pots chacune, et qu'à raison de 20 sols l'un, une fournée produit une somme de 4800 sols ; que le charbon qui en provient étant propre au chauffage, on en tire encore quelque argent.

Et enfin, qu'il n'y a guères que quatre à cinq hommes d'employés à ce fourneau. Indépendamment des détails plus que suffisamment pour donner une idée de la construction de ce fourneau et de son effet, l'on a joint ici surabondamment sa coupe prise par le travers. (Voir plan).

***

A 200 toises au delà de ce fourneau est l'ancien fort Ste. Thérèse ; fait le chemin à pied d'un endroit à l'autre, tandis que le batteau allait m'attendre à ce dernier. Son enceinte était totalement en pieux. Ce qui en reste fait connaître que sa figure était irrégulière ; il était assez grand et renfermait une maison et un magasin de pièces sur pièces qui subsistent encore aujourd'hui, même en assez bon état, et que des particuliers réclament leur appartenir, sans trop dire à quel titre ; après une promenade un peu longue autour de ce fort, embarqués pour nous rendre à celui de Chambly, gagnés insensiblement le milieu de la rivière en raisonnant sur le parti à prendre pour sauter le rapide de Ste. Thérèse. Les uns voulaient prendre à gauche, d'autres à droite ; et pendant le petit débat qu'engendraient les avis différents, le batteau s'avançait toujours, et nécessité fut de se présenter où le courant l'entraînait. Ce rapide est plus difficile que l'autre dans le temps des eaux basses ; les chuttes d'une roche à l'autre y sont plus multipliées ; enfin, après en avoir évité un nombre et même quelques plâtiers qui se trouvent de distance à autre, nous fûmes surpris d'un orage furieux et d'une pluie qu'on ne saurait définir tant elle était abondante, et pendant que nous étions occupés à nous en garantir tant soit peu, notre batteau s'échoua si rudement sur une roche qu'il en fût crevé. Nos gens se mirent les uns dans l'eau, d'autres à boucher le trou et à vider le batteau qui emplissait. Le plus court party et le plus sûr fut de joindre la terre ; on y parvint non sans beaucoup de peine. Heureusement que nous étions à portée de l'endroit où on débarque ordinairement quand on veut éviter les rapides Chambly situés en dessous de celui-cy. Notre batteau ne permettait pas de le risquer. D'ailleurs, après les difficultés dont j'avais été témoin pour franchir les deux premiers, je n'étais point curieux de m'exposer au troisième ; ainsi, après avoir mis à terre et détaché tout de suite un homme pour aller à Chambly chercher une charrette nécessaire au transport de nos équipages, suivis le chemin qui conduit à ce fort. Il est totalement dans le bois, mais toujours à portée des bords de la rivière : on l'appelle le portage de Beaucour, du nom de l'officier qui l'a ordonné ; vu en cotoyant cette rivière, les ruines d'un moulin à scie appartenant cy-devant à M. de Bleury ; à la sortie du bois entrés dans une plaine traversée de quelques habitations situées à droite et à gauche du chemin, et parvenus au dit fort, y reçus en dehors par M. Du Müy y commandant, salués en y entrant de 15 coups de boîte et de la garde en haye, et accueillis en dedans par Mr. et Mde. Du Müy, dont le bon air et la bonne grâce, l'avouerai-je ? me séduisirent à l'instant. Après les premiers compliments, liberté me fut donnée d'entrer dans la chambre qui m'était destinée, tant pour me décrasser, changé de tout, que pour vider nos malles et faire seicher nos petits effets. Après ces premiers arrangements, nous rejoignimes les Dames, et après une conversation d'une demie heure, on se servit d'un souper où toutes sortes de poissons frais et des meilleurs que fournit cette rivière, entr'autres, des achigans : j'y fis grande chair ; après quoi, donné l'ordre et retiré avant 9 heures du soir.

*Na.*—Environ à une lieue en dessous du fort Ste. Thérèse, et à peu près dans le milieu du rapide de ce nom, est la petite île à Dupüy.

## LE 19

### DU FORT CHAMBLY. SÉJOUR A CHAMBLY.

Mon dessein était d'employer une partie de la matinée à prendre une entière connaissance de ce fort, et d'en sortir à 9 heures du matin, mais une pluie qui survint et qui dura toute la journée m'obligea d'y séjourner ; néanmoins, parcouru les murs en dehors ; leur élévation et leur épaisseur plus que suffisante pour résister contre toute autre attaque qu'avec du canon, jointe à sa situation sur les bords de la rivière, peuvent le faire considérer imprenable. Tous les environs sont depouillés de tout couvert, au moins à la distance de 300 toises, et à son entrée, est un pont lévis sur un fossé qui empêche l'accès de la porte. Trois de ses côtés sont construit uniformément. Les bâtiments qui y sont adossés comprennent des magasins, des logements pour officiers, soldats, commandants, aumoniers, garde magazin et pour autres gens que le service exige, une boulangerie et une chapelle, et au quatrième, de face à la rivière, on y a appuyé, depuis quelques années seulement, des voutes sans liaison au mur d'enceinte, de manière qu'elles s'en séparent et menacent ruine, et que les prisons et latrines qu'on a pratiqué en dessous, deviennent inutiles par les risques qu'il y aura de les fréquenter.

Ce fort a dans son milieu une fort belle place d'armes ; ses logements sont commodes. On semble aujourd'huy incliné à l'abandonner ; on parlait même de le détruire pour éviter les frais de sa garnison ; à mon avis il faut bien s'en garder. Néanmoins, pour modérer les dépenses auxquelles il engage, on pourrait le donner comme une récompense à un ancien officier reformé, sans autres appointements que ceux dont il jouit, en vue seulement de lui faire trouver un logement gratis, et les émoluments d'une cantine à y conserver pour l'aisance de la garde qu'on y détacherait. Il serait obligé d'y rendre compte des dégradations qui surviendraient, et des réparations les plus urgentes et les plus indispensables à faire.

On pourrait donc regarder ce poste comme mort. Cependant, comme chef lieu de la rivière Richelieu, sous la protection duquel, suivant les circonstances, pourraient se retirer les habitants de la campagne, il peut à cet égard y avoir nécessité de le conserver. Il donnerait lieu d'y affecter les vieux soldats qu'on renvoye de cette colonie sans autre traitement que la liberté et la permission de demander leur pain ; l'état misérable en lequel j'en ai vu plusieurs, m'a fait saisir l'idée d'en créer une compagnie à titre d'invalides que l'on répandrait dans des postes semblables, où ils serviraient aussi utilement que ceux de l'Hôtel royal en France. Lorsqu'ils sont détachés dans les forts châteaux et citadelles, on leur continuerait le même traitement qu'aux soldats ordinaires, et la confiance d'avoir du pain assuré dans leurs vieux jours, pourrait sauver l'envie à d'autres, étant jeunes, de s'en procurer ailleurs, et au gouvernement l'indécence qu'il y a de laisser périr misérablement de malheureux sujets dans une entière indigence.

Passé toute la journée avec les dames, et fait visite à Mde. de Beaulac, veuve d'officier, à qui l'on a accordé un logement dans ce fort, et retiré à bonne heure.

*Na.*—Vis à vis est une grande isle, et tout auprès quatre autres petites.

Le rapide de Chambly s'étend jusqu'au dessous de cette première isle.

Au delà de ce rapide, la rivière s'élargit tellement qu'elle forme une espèce de lac qu'on nomme le bassin de Chambly, et depuis ce fort jusqu'à son confluent dans le fleuve St. Laurent, elle est connue sous le nom de Richelieu.

**LE 20**

*Suitte de la route sur la rivière Richelieu, sur le fleuve St. Laurent et du village sauvage de St. François.*

Sorti à huit heures du matin de ce fort pour aller à la messe à l'Eglise de St. Louis, située au coté de l'est de cette rivière, vis-à-vis celle de St. Joseph, et à un quart de lieue du dit fort. J'étais accompagné de M. Du Müy et de Mlle. sa fille, que certain je ne sais quoi, me fit quitter à regret.

*Na.*—Que je sortis de ce fort avec les mêmes honneurs que j'avais reçus en y entrant, et si je n'ai encore rien dit de ces sortes de réceptions qu'on me fit dans tous les autres postes, comme dans celui-cy, je n'en ai pas moins souffert ni moins senti le ridicule, d'autant que mon grade n'exigeait aucun des honneurs semblables, et que je ne suis point de caractère à me flatter de ce qui ne m'est point dû, mais il ne m'était point venu dans l'idée que d'anciens officiers sussent si peu leur métier.

Après la messe, rembarqué pour faire route vers le fleuve, passé par le chenal d'entre l'isle encore du nom de Ste. Thérèse, située par le travers de deux églises, et la grande terre de l'est.

*Na.*—On estime cette rivière au dessous de la pointe du nord de la dite isle large de 110 à 120 toises.

Cotoyé la dite terre jusqu'à la montagne de Chambly. Les deux bords jusque là sont bien habités ; néanmoins, les maisons y sont plus serrées du coté de l'ouest que de l'autre, et la rivière s'y soutient assez de même largeur vis-à-vis la ditte montagne située à 400 toises de la rive de l'est. Elle fait un coude. Il s'y trouve même une batture de roches qui forme un rapide aisé à sauter en tout temps, et un peu en deça, toujours du même côté, est un habitant qui fait de la brique ; on la dit bonne ; au moins la terre nous y a paru propre.

*Na.*—Depuis le dit fort Chambly jusqu'à cette montagne, la rivière forme plusieurs coudes, et sa largeur est inégale ; néanmoins, elle n'est pas moindre que de 80 toises.

On estime deux lieues depuis le dit fort jusqu'à cette montagne.

Le rapide sauté, suivi assez le milieu de la rivière jusqu'aux isles au cerf, situées à deux lieues au dessous de la ditte montagne ; les habitations dans cette partie ne sont pas si fréquentes que dans la précédente, et principalement du côté de l'est, où elles sont encore en quelques façons de souffrance. On travaille à les y former, mais il s'en faut beaucoup que le pays y soit découvert comme de l'autre.

Parvenus aux dittes isles, sont deux chenaux, l'un à l'est et l'autre à l'ouest. Incertains lequel prendre, deux canots sauvages qu'on apperçut venir à nous par le premier nous déterminèrent à le suivre ; mais à peine eut-on fait 60 toises, que le batteau s'échoua sur une batture de roches. Ce fut party forcé que de nous rendre dans l'autre ; le passage y est bon et net. Cotoyés la grande terre de l'ouest jusqu'au dessous des dites isles, et de là, passés devant l'Église St Charles.

*Na.*—On compte 2 lieues depuis la ditte montagne jusqu'aux isles au cerf, et une des dittes isles à l'Église St. Charles. Au dessous de cette église, le pays des 2 côtés est découvert et mis en valeur ; les habitations y sont assez près l'une de l'autre et même assez belles, et le paysage, pour le coup d'œil, diffère peu de la beauté de celui des bords du fleuve.

Plus loing, passé devant un petit ruisseau qui débouche à la rive de l'ouest.

De là, continué la route par le milieu de la rivière. Rien de remarquable jusqu'à l'Eglise de St. Denis. Mis à terre à celle de St. Antoine que l'on établit vis-à-vis cette première, pour parler au curé, pour raisonner avec lui sur le pays. Il m'assura que la terre était propre à toutes sortes de productions, et qu'elle ne demandait que d'être défrichée, et tant soit peu travaillée ; après quoi je voulus me rembarquer, mais il me conseilla, eu égard à ce qu'il se trouvait une batture aux deux chenaux que forme l'isle St. Charles, située à 200 toises au dessous de la ditte église, de cotoyer le bord de la rivière à pied, que le chemin royal qui régnait tout le long était beau, et que je pourrais rejoindre mon batteau au dessous de la ditte isle ; marché pendant une demie heure, ensuitte rembarqué avec assez de peine, attendu que quoique les bords de la rivière soient généralement escarpés, ils le sont plus en cet endroit que partout ailleurs.

On estime 3 lieues de St. Charles à St. Antoine. Environ à 400 toises plus bas que cette isle, en est une autre plus près de la terre de l'est que celle de l'ouest. Suivi le chenal d'entre cette dernière et la ditte isle.

Au dessous de cette isle, le pays devient vivant et peuplé. Il n'offre rien de remarquable que la beauté du climat. Suivi toujours le milieu de la rivière jusqu'aux deux islets verts situés par la traverse de la nouvelle église de St. Ours ; là pris le chenal d'entre ces islets et la terre de l'est, et descendu chez le curé. On estime de St. Antoine à cet endroit, 2 lieues ; partant du fort Chambly à St. Ours, 12 lieues et demie. Soupé chez le curé de St. Ours ; il est logé à neuf et grandement. Sa maison comprend une grande chambre, où suivant l'usage du pays, s'assemblent les principaux habitants avant ou après la messe, pour discourir sur le bien et l'avantage de la paroisse. On faisait pour lors le service divin dans le grenier, en attendant que l'église fut achevée.

*Na.*—Que les bords de cette rivière sont extrêmement vazeux, inconvénient qui oblige à des précautions pour que les bestiaux puissent y boire sans courir le risque d'y enfoncer et même de s'y perdre.

**LE 21**

Sortis de chez le curé de St. Ours à 5 h. du matin, vus un peu au dessous la grande isle à Deschaillons, passés entre elle et la terre de l'est ; elle est bien habitée et parait longue de mille à onze cent toises. Le chenal qui la contourne du côté de l'ouest m'a paru étroit et n'y avoir point assez d'eau pour porter batteau.

Au dessous de cette isle, la rivière forme plusieurs sinuosités ; les terres y sont plus élevées que dans les parties parcourues dans la journée précédente, les bords moins vazeux, et les habitations moins établies.

*Na.*—A deux lieues et demie au dessous de ce village est un bois à la rive droite, d'où l'on a tiré et exploité des bois pour la mâture des vaisseaux du roy.

Parvenus à Sorel, gros village avec moulin, situé ainsi que l'Eglise, sur les terres de l'est de cette rivière et près de la pointe que forme son confluent dans le fleuve St. Laurent.

On estime de l'Eglise de St. Ours à celle de Sorel 4 lieues ; partant, le cours de cette rivière depuis le fort Chambly jusqu'à son débouché est de 14 à 15 lieues.

Mis à terre chez le curé pour visiter une enceinte de pieux que je jugeais entourer le fort du lieu. Je ne me trompais point. Je le parcourus en dehors ; les pieux de douze pieds d'hauteur sur 10 à 12 de diamètre sont serrés l'un contre l'autre, et la figure qu'ils forment ressemble à un quarré long bastionné aux angles, de manière que toutes les parties sont vues et déffendues.

L'église, la maison du curé et celle du seigneur y sont renfermées, et l'espace qu'il comprend suffit aux habitants pour y réfugier au besoin les femmes, les enfants et leurs effets les plus précieux ; mais on néglige aujourd'hui cette enceinte, et il arrivera que quoique les pieux soient de cèdre, on sera obligé à une prochaine rupture avec les nations sauvages, ou avec les anglais, de la renouveler entièrement. Mon avis serait que comme les bois deviennent chers par leur éloignement, et que les difficultés de s'en procurer augmentent tous les jours, que dans tous les endroits où semblables forts sont établis, on les entretint soigneusement, et qu'à mesure qu'un pieux tombe de caducité, il fut sur le champ remplacé, et que dans le cas de rendre à celui-ci sa première deffense, on éloigna l'enceinte de 18 pieds de l'église, afin d'ôter la facilité que présente son état actuel d'y entrer par les fenêtres.

*Na.*—Que les seigneuries situées le long de cette rivière produisent beaucoup de grains, que c'est même l'un des cantons du Canada qui en produit davantage, que les barques de 40 à 50 tonneaux peuvent la remonter dans le printemps seulement, pour l'ordinaire, jusqu'à St. Antoine, et rarement jusqu'à Chambly, à moins qu'il ne survint des crues surabondantes et qu'on profite de cette saison pour en évacuer toutes les denrées. A la sortie de chez le curé, rembarqués pour aller au village sauvage de St. François, entrés dans le fleuve, cotoyés la rive du Sud, vus sur la gauche l'isle de St. Ignace qui fait place au débouché de cette rivière au delà celle de Notre Dame de Grâce, ensuite celle au moine et apperçus par le chenal qui sépare ces deux dernières l'isle Ronde.

*Na.*—Que derrière l'isle au moine est celle à pierre, et qu'enfin au delà de ces isles en sont plusieurs autres, entr'autres, celle dont on a parlé dans la journée du 30 Juillet ; on estime leur nombre à 40, tant grandes que petites, comme on l'a dit cy-devant. Je serais assez d'avis qu'on leva une carte de leur position pour juger de leur grandeur et de leur rapport de l'une à l'autre, et que cette carte comprit les deux bords du fleuve, même le lac St. Pierre, affin d'y remarquer les débouchés de la rivière Yamaska, de celle de St. François et de toute autre qui afflue tant d'un côté que de l'autre dans le dit lac.

Ensuitte, apperçus l'isle verte (A) séparée de celle au moine par un chenal et de la grand terre par un autre ; embarassés lequel suivre de ces deux chenaux, mis un canotier à terre pour aller chercher un homme capable de nous guider jusqu'à la rivière de St. François ; rendu au batteau, il nous fit passer par le chenal d'entre ces deux isles, et l'ayant interrogé sur le pays, il me dit qu'il était bon et propre à toutes sortes de productions, que les habitations du village de Sorel se terminaient par le travers de la ditte isle verte, qu'on ne pouvait les étendre plus loing parce que les terres étaient basses et aquatiques, et que l'isle au moine que nous tiendrions toujours sur notre gauche, aboutissait au dit lac St. Pierre.

Au delà de l'Isle verte, laissés sur la droite trois autres petites isles (B) séparées par deux chenaux qui communiquent au passage d'entre elles et la grande terre, parvenus à l'extrêmité de ces trois isles, suivis le chenal d'entre deux autres petites (G) et une autre (D) séparée aussi de celle au moine par un autre chenal, et entrés dans le lac St. Pierre.

*Na.*—A l'entrée de ce lac sont plusieurs hauts fonds vazeux, couverts de joncs et séparés par une espèce de chenal que forment les différents courants.

Arrivés au dit lac St. Pierre, l'on me montra l'endroit (E) connu pour la grande pêche du fleuve ; on y prend toutes les sortes de poissons mentionnées à la rivière de Richelieu et en outre des saumons, des esturgeons et quantités d'autres.

Cette pêche est affermie par an au profit de qui s'en dit le Seigneur concessionnaire.

Vis à vis cet endroit à la rive du Sud est la rivière d'Yamaska, et sur la gauche de son débouché est une baye de son nom et à droite celle de la Valière, l'une et l'autre fort enfoncées dans les terres. Le bout de plan ajouté cy-dessous fait connaître la position de ces isles, des bayes et des endroits mentionnés (voir plan).

Au delà, fait route dans le lac toujours à portée des terres du Sud, jusqu'à vis-à-vis l'un des quatre débouchés de la rivière de St. François, pénétré celui de ce nom ; à son entrée est une batture de sable et de roches sur laquelle notre batteau échoua ; il fallut entrer dans l'eau pour le mettre à flot (voir plan).

*Na.*—Que les débouchés de cette rivière sont dans la baye de St. François, dont les eaux sont communes avec celles du lac St. Pierre.

Continués la route en remontant cette rivière, laissés sur la gauche le petit chenal (A) passés au delà entre la grande terre de l'ouest et l'isle St. François, en laissant sur la droite le chenal St. Jean, et mis à terre chez le curé du village français de St-François.

*Na.*—Qu'en deça de la pointe de l'ouest de l'isle de St. François, les habitations répandues le long de cette rivière commencent à se découvrir et que plus on la remonte plus elles sont multipliées.

Que les quatre débouchés de cette rivière se nomment l'un le chenal Tardif, le second, de St. François, le troisième de St. Jean, et le 4me de la Verdure, et qu'ils sont situés suivant comme le bout de plan les représente. Il est aisé de voir que le premier est indépendant des autres ; que ceux de St. Jean et de St. François n'en font proprement qu'un, quoique considérés différents dans le pays, et que l'autre de la Verdure, dont l'origine est par le travers de l'isle St. François, forme l'ile ronde et enfin que les bords de ces chenaux sont habités. On estime ¾ de lieue depuis l'entrée dans le chenal St. François jusqu'à l'église du village français de ce nom.

Après le diner le curé s'offrit de m'accompagner au village sauvage, à quoi consenti ; embarqués tout de suite et cotoyés les terres du nord, laissés à droite deux isles, et à gauche l'entrée du chenal Tardif situé par le travers de la première, discourus beaucoup sur son village ; il m'apprit qu'il était nombreux en habitants, que la paroisse s'étendait sur tous les terrains compris le long et entre les chenaux mentionnés, même beaucoup au delà du village sauvage que l'on pouvait considéré comme enclavé dans l'autre français et totalement indépendant.

Parvenus au dit village sauvage sont deux petites isles par son travers ; les terres y sont extrêmement élevées ; entrés dans le dit village, il est considérable. J'y ai compté 51 cabannes, figure carrée, construites en bois équarry comme celles du saut St. Louis et du lac des deux montagnes, néanmoins couvertes de planches et d'écorces, en figure de tourelle, et douze autres bâties à la française ; nous nous presentâmes d'abord chez les Jésuites missionnaires ; ils n'y sont que deux, aux appointements de 780 frs. chacun ; l'un se nomme le père Aubry, et l'autre Lefranc; mais malheureusement ils étaient absents, et généralement tous les hommes femmes et enfants étaient à recueillir du geinseing. Il n'était resté au village que les vieillards ; j'étais assez fâché de ce contre temps, ainsi que le curé ; d'ailleurs il faisait grand chaud, il n'y avait point d'endroits propres pour nous reposer que les cabannes où l'air qu'on y respire ferait acheter trop cher le frais qu'on voudrait y prendre. Une fille de 16 à 17 ans qui vit notre embarras vint nous joindre ; notre curé la reconnut pour être attachée aux révérends pères, et il l'engagea à nous ouvrir la porte de leur maison ; Françoise (c'était son nom) y consentit avec peine. Y étant entrés, nous parcourûmes tous les coins pour découvrir quelques bouteilles de vin, mais inutilement ; cette fille qui se douta de ce que nous cherchions, nous fit entendre qu'il n'y en avait point ; nous y reposâmes un instant. Cette sauvagesse est de la nation des sioux, et esclave pour avoir été pris en guerre. Assez jolie, elle a un son de voix doux et séduisant, porte les pieds beaucoup plus en dedans que le commun des sauvages, et sert aux commissions et aux besoins des révérends pères. Après nous être un peu délassés, entrés dans l'église qui est propre et bien ornée. L'on m'y montra un collier de porcelaine attaché au rétable d'autel, que les sauvages ont donné à Dieu comme un garant du serment inviolable qu'ils ont fait de ne jamais boire de l'eau de vie dans le village, et pas même dans l'étendue des chenaux qui y conduisent ; il est large de 2 pouces et demie et fait du poil de porc épic et d'orignal, et garni de porcelaine de l'espèce dont on a parlé cy-devant.

On estime que depuis le village français jusqu'à celui-cy sauvage, il n'y a qu'une lieue.

Le chenal qu'on a tenu pour y aller est bon ; il s'y trouve quelques roches dans le temps des eaux basses qu'on évite au moyen d'un peu d'attention.

*Na.*—Que les terres y sont des meilleures, que le pays est plat, que chaque cabanne sauvage a son champ de blé d'inde, et que les français ne peuvent étendre leur établissement sur les cantons qui sont reservés aux indiens.

Que la rivière remonte vers la Nouvelle Angleterre 12 à 15 lieues, mais qu'elle est traversée de rapides en dessus du village et qu'elle n'est praticable qu'en canots.

Le curé en question, nommé M. Duga, voulut m'engager à coucher chez lui pour attendre les missionnaires, et il s'offrit d'envoyer à Sorel où ils étaient allés pour les avertir de mon arrivée, mais j'étais pressé par le temps. Je le remerciai de sa politesse en le priant de présenter mes compliments aux révérends pères, et tous mes regrets de n'avoir pas été assez heureux de les rencontrer; qu'au reste, que comme je savais qu'ils venaient tous les ans à l'automne à Québec, peut être qu'ils y arriveraient avant mon départ pour France. J'étais si prévenu à l'avantage du père Aubry que je savais homme de 80 ans, plein de bon sens, de mémoire et de connaissance sur le pays en général, qu'il me fâchait de ne le pas connaître pour discourir avec lui sur les intérêts de cette colonie.

*Na.*—Que quoiqu'on ait dit cy devant que tous les sauvages étaient au geinseing, il y en avait bien une partie à Orange, d'autant qu'il leur est permis de porter chez les Anglais les castors qu'ils ont pris ou tués eux-mêmes, mais un seul paquet à la fois; encore faut-il qu'ils soient munis d'un certificat des missionnaires comme il leur appartient. Néanmoins ils profitent de cette permission pour y en porter le plus qu'ils peuvent, attendu que les anglais les leur payent à un prix plus cher que la compagnie des Indes. A mon avis, il faudrait imaginer un moyen d'interdire ce commerce ou au moins, pour qu'il ne devienne abusif par les marchandises prohibées, qu'ils apportent en retour.

Après nous être instruits de tout ce qui pouvait intéresser ce village, la rivière et les environs, nous nous acheminâmes vers notre batteau, accompagnés de la fidèle Françoise que nous gracieusâmes largement de notre bourse ; ensuitte, embarqués avec notre curé qui voulut absolument me conduire au plus loing, pour me donner plus de temps et de facilité à remplir les objets que je me proposais voir. Le lendemain, retournés sur nos pas par le chenal St. François jusqu'à celui de Tardif, y entrés et fait route par son milieu : ses bords sont assez également habités jusqu'à son confluent dans le lac St. Pierre, mais il n'est pas absolument bien net. Il s'y trouve des arbres arrêtés au fond par des roches qui occasionnent du danger si on y passait la nuit. Vus plusieurs belles maisons sur la droite. Envie me prit souvent d'y descendre, d'autant que la nuit tâtonnait, mais je n'osais par crainte de désobliger mon guide qui enfin, nous mit à terre chez la veuve Bastien, où nous eûmes un logement des plus pauvres, des plus chétifs et même des plus malpropres, tant il est vrai que quand on croit être à peu près bien dans un endroit, il ne faut point être curieux d'en chercher un meilleur, crainte de le trouver pire.

**LE 22**

*Suitte de la route sur le fleuve St. Laurent et du village sauvage de Bécancourt.*

Sortis à quatre heures du matin de chez la Vve. Bastien pour aller au village sauvage de Bécancourt. Il faisait un brouillard assez épais qui vous obligeait d'aller doucement, crainte de toucher à des roches, ou d'échouer sur des arbres que les eaux charient, et apperçu, comme la veille de chaque côté de la rivière des habitations.

Au débouché de ce chenal, dans la baye de St. François, est un platier sur lequel on échoua 3 à 4 fois ; il fallut mettre des hommes à l'eau pour nous en tirer ; mais on observe qu'en se jetant un peu à l'ouest en sortant, il y a ordinairement plus d'eau.

Le brouillard dissipé, distingué les terres du nord de ce lac, encore mieux celles du sud. Le vent sud-ouest survint, l'on mit à la voile et l'on se guida sur la pointe de la partie du sud du lac St. Pierre.

Courus au large de la batture à pleine voile, dans la confiance qu'il n'y avait rien à craindre, mais nous talonnâmes rudement contre une roche.

Apperçus aux terres du sud le débouché de la rivière à Nicolet par un éclaircy en forme de trouée que l'on découvre à travers les arbres.

*Na.*—Cette rivière à Nicolet est habitée, mais il s'en faut de beaucoup que le pays y soit aussi vivant que dans les autres parties du fleuve.

La pointe du lac sur laquelle on se conduisait à la partie sud, est située à peu près vis-à-vis celle du nord. L'une et l'autre désignent l'entrée dans le lac St. Pierre. On estime du débouché du chenal Tardif jusqu'à cette première pointe, 6 à 7 lieues.

Doublé la dite pointe du sud, cotoyé toujours la ditte rive, vûs de chaque côté des habitations et au nord la pointe de la Badie, située entre celle du lac et la ville de Trois Rivières ; passés par le travers de cette ville, et apperçus au sud le débouché de la rivière Geoffroy, et au nord les trois autres de la rivière St. Maurice ; plus loing, du même côté, le cap de la Magdelaine, l'église de ce nom, et rangeant toujours les terres du sud, parcouru par le travers de cette église vis-à-vis les trois débouchés de la rivière de Bécancourt, séparés l'un de l'autre par des iles de sable et traversés chacun d'une batture à leur entrée ; suivi celui de la gauche comme le meilleur. On ne cessait d'y échouer continuellement, de manière qu'il fallut mettre des hommes à l'eau pour conduire le batteau à la main pendant 40 à 50 toises ; gagnés au delà le lit et le large de cette rivière : elle est belle et nette jusqu'à l'église française de ce nom située au côté du nord.

*Na.*—Qu'entre le chenal du milieu et celui de la droite est une isle.

Continuant à faire routte le long de cette rivière, rangés toujours la terre du sud, vus sur la gauche la grande isle de madame Choisy séparée de la terre du nord par un chenal. Elle était ci-devant habitée ; au moins doit-on en juger de même par les défrichés qui s'y trouvent, et les ruines des anciennes habitations qu'on y apperçoit.

Parvenus à peu près vis-à-vis sa pointe d'amont, mis à terre du coté du sud. Le vent contraire et le courant nous empêchèrent de remonter cette rivière jusqu'à l'Eglise française comme je me l'étais proposé.

*Na.*—Qu'avant d'arriver à la pointe d'aval de la ditte isle, est un moulin à vent construit à la grande terre du nord, que les habitations y commencent et qu'elles continuent autant d'un coté que de l'autre de cette rivière. Entrés dans la première maison et pris les informations suivantes :

Que de là à l'église française, il y avait une demie lieue. Qu'à celle sauvage, située à la rive du sud, on estimai une lieue, et que le chemin pour y aller établi le long de cette rivière, était bon.

Que j'aurais pu à peine me rendre à cette première église en batteau ; et plus loing la rivière était traversée de rapides qui ne permettaient qu'à des canots sauvages de la pratiquer ; il faisait bien chaud et il était dix heures. Cependant il me fâchait de m'en retourner sans avoir rempli mon objet, de manière que réflexions faites, les incommodités du temps ne doivent jamais s'opposer à l'exécution des entreprises qu'on s'est prémédité, mon parti fut de me rendre à pied au dit village sauvage ; pris deux hommes avec moi, suivis un sentier qui va d'une terre à l'autre, traversés des prairies magnifiques où le foin est si abondant qu'on néglige de le recueillir ; d'ailleurs, elles sont si communes qu'on ne se donne pas la peine de les travailler, c'est à dire de les dépouiller des broussailles et des mauvaises herbes qui suppriment une partie de leur production.

En suivant toujours le dit sentier, on laisse les habitations sur la droite. Vus des grains de toutes espèces et de la dernière beauté, passés sur un pont de bois une branche de la rivière qui s'en détache à une demie lieue au dessus, ensuitte, arrêtés à une maison pour discourir sur le pays ; on l'estime l'un des meilleurs du Canada. De là, continué à marcher, traversé un pont établi sur la ditte branche et arrivé au village sauvage situé sur une hauteur d'où l'on découvre tous les environs.

Entrés chez le missionnaire Jésuite ; ensuite, parcouru le village avec lui. Il n'est pas considérable, il n'a que 19 cabanes, toutes de figure carrée longue, construites et couvertes comme celles du village St. François. Tous les sauvages étaient en traite à la Nouvelle Angleterre, ou à recueillir du geinseing ; toutes les cabanes étaient fermées, de manière qu'il n'y avait dans le lieu que les personnes que les infirmités ou l'âge empèchaient de marcher. Après cette tournée, nous rabattimes à l'Eglise. Elle est d'une construction semblable à celle des paroisses du Canada. De là, entrés dans la sacristie où bongré malgré, il me fallut voir tout le trésor : il consiste en lampes, chandeliers en nombre grands et petits, croix avec bâtons, Christ de plus de 4 pieds d'hauteur, deux figures de Saints et plusieurs reliquaires, le tout en argent, et en des ornements d'étoffes les plus riches et converts de broderies et de galons d'or et d'argent. Ensuite rentrés au presbytère, discourus sur le propre de ces sauvages ; ils sont tous comme ceux de St. François de la nation des Abénakis, attachés aux Français et beaucoup à leur intérest Le curé prétendit que cette rivière remonte 10 lieues dans les terres et qu'elle sort d'un lac. Mon avis serait d'établir un fort, si l'on ne peut à la tête de ce lac, au moins à sa sortie, affin de prendre possession et ôter à l'anglais l'envie de s'y établir ; que les rapides dont elle est traversée n'y permettent aucune navigation qu'en canots, et que ses bords plats et bons, présentent des terres propres à toutes sortes de productions.

De là repris la routte pour m'en retourner à la maison où j'avais mis à terre avec mon curé que j'avais invité à diner ; chemin faisant il me dit qu'il desservait les deux églises, qu'en conséquence, il binait et que sa paroisse nombreuse en habitants était d'une étendue trop grande pour y remplir seul les secours des habitants.

A mon arrivée à l'habitation où j'avais laissés mon monde, j'étais fatigué plus de la chaleur que des 2 lieues que j'avais faites à pied ; reposés un instant, ensuite dinés amplement et longtemps ; rembarqués à 4 heures après-midi, après avoir pris congé de mon curé et remercié mon hôte, suivis la même route que j'avais tenue en venant, mais au lieu de déboucher dans le lac par le chenal que j'avais pratiqué, je sortis de cette rivière par celui du milieu ; y essuyés même difficultés qu'à l'autre de la batture de roches et de sables qui la bassent; force fut de pousser à mains d'hommes le batteau.

Au delà vus le débouché du 3me chenal; il est éloigné du précédent d'un quart de lieue; plus loin ayant l'Eglise de Champlain située à la rive du nord pour objet, fait la traversée du fleuve à la voile et à la faveur du courant et descendus chez les sœurs de la congrégation de ce village ; elles n'y sont que deux, y tiennent, comme toutes les autres répandues dans les côtes des pensionnaires, sont proprement logés, et à partir de l'Eglise et sur le bord du fleuve d'où elles découvrent tout ce qui y passe et les habitations de la rive du sud.

***

### LE 23 AOUST

*Suitte de la routte pour retourner à Québec.*

Sortis à cinq heures du matin de chez les sœurs de Champlain, portés d'abord au large, vus la rive du sud, les objets dont j'ai fait mention dans la journée du 26 juillet, et au nord ceux marqués à la carte, entr'autres les iles Grondines situées au débouché de la rivière du village de ce nom.

La marée était tout à fait haute quand nous nous trouvâmes par le milieu du fleuve. Profités du flux pour traverser le Richelieu, passés par le chenal que pratiquent les barques d'entre les islets de roches qui le resserrent dans son milieu ; au delà reposés un instant au platon, d'où cotoyé la rive du sud, ensuitte fait sa traversée vis-à-vis le cap Rouge, d'où rangés le nord. Rendus à la basse ville de Québec à six heures après midi, où je m'étais embarqué à six heures le 24 juillet.

Fait à Québec, le 25 décembre 1752.

FRANQUET.

# CANADA 1752

### Voyage de Québec au village de Lorette sauvage

Le général depuis longtemps avait fixé son départ de Québec pour Montréal entre le 15 et le 20 janvier. Néanmoins avant de partir, son dessein était de visiter les sauvages résidents au village de Lorette. A cet effet, il fit avertir les Jésuites de cette ville qui sont seigneurs de l'endroit, et les missionnaires, qu'il y arriverait le 21 décembre au matin, et conséquemment le père Marcotte, le supérieur de la maison, fut le prier de trouver bon qu'il eut l'honneur de l'accompagner pour l'y recevoir convenablement et d'y accepter un diner pour lui, et pour le monde qu'il jugerait à propos d'y conduire. A quoy consenti. Le grand Voïer partit quelques jours en avance, pour ordonner que les chemins fussent faits et balisés. Il y avait déjà pour lors beaucoup de neige sur la terre; les chemins ordinaires qu'on a coutume de pratiquer en étaient couverts ; on ne pouvait trop les distinguer, quoique bornés des deux côtés par des palissades, d'autant que le vent amasse plus de neige dans des endroits que dans d'autres. On les trouva bien tracés, soit le long de leur assiette ordinaire ou au travers des terres et des prairies, au moyen de quelques trouées faites aux clôtures en palissades qui séparent les différents champs.

Le rendez-vous des personnes nommées pour ce voyage était indiqué à l'intendance où, tout le monde rendu, l'on monta en carrioles entre 9 à 10 heures du matin ; l'on suivit la rue des prisons, pris à gauche à son extrémité, traversé ensuite la rivière St. Charles sur la glace. Le chemin y était balisé comme sur terre, néanmoins un peu dur par la quantité de bourguignons qui le rendaient raboteux.

Les chartiers voulurent à l'envie y passer l'un devant l'autre, de manière que toutes les voitures étaient conduites sans ordre et avec beaucoup de confusion ; aussi les trouvèrent-ils toutes crevées au retour, d'autant que les bouts des ménoires les plus pressées donnaient mal adroitement dans le dossier de celles qu'elles voulaient devancer, au risque de blesser le. personnes qui y étaient. Il n'y eut que celle dans laquelle j'étais avec le dit père Marcotte qui s'en revint en bon état, non sans beaucoup de peine de notre part pour contenir le conducteur.

*Na.* -- Les Canadiens de l'état commun sont indociles, entêtés et ne font rien qu'à leur gré et fantaisie ; ceux qui font métier de gagner leur vie à conduire des voitures font une gaillardise et un point d'honneur de faire connaître leur adresse et la vigueur de leurs chevaux, en devançant les voitures qui les précèdent, sans considér. r s'il y a des risques et dangers à courir.

On nomme carrioles en Canada, les traineaux dont on se sert pour voyager en hivert, dans les pays du Nord. Elles sont de deux espèces ; les unes couvertes comme des chaises en Europe, et les autres découvertes comme des calèches à une ou deux places, et trainées dans les villes par un cheval, et dans les voyages, communément par deux. Leur construction peut être considérée en deux parties ; l'une comprend le corps de la carriole, et l'autre les ménoires. Le corps est porté sur un chassis de charpente fait de 3 à 4 traverses, assemblées aux membres, de côtés recourbés à leur extrémité de l'avant, et garnis en dessous d'une bande de fer. Il comprend en arrière un siège pour les maîtres, et sur le devant un autre pour le conducteur.

Les ménoires sont composées de 2 brancards assemblés sur le derrière par deux travers, à l'un desquels est un bout de chaine qui les attache au corps de la carriole au moyen d'une clef sous les pieds du cocher ; les bouts de devant de ces brancards sont portés par la dossière du cheval et les autres trainent à terre.

A la sortie de cette rivière, montés sur les terres, traversés ensuitte deux ruisseaux sur ponts faits avec des rondins, et de là fait route autant à travers les champs que le long des chemins ordinaires ; arrivés à dix heures et descendus chez les missionnaires.

Ce village est situé à peu près à la hauteur de cette ville, à trois lieues dans la profondeur des terres de la rive du nord du fleuve ainsi qu'on peut le connaitre par la carte du pays. Toute la campagne de cette traversée est agréable, bien cultivée et pleine de maisons et d'habitations dépendantes des paroisses de Charlesbourg et de Ste. Foye.

Tous les sauvages, femmes et enfants compris, tous mis sur leur propre, se présentèrent à l'arrivée du général. Les hommes ayant leurs chefs en tête et rangés en haye le saluèrent de trois coups de canon d'une pièce qu'ils auraient cy-devant pris sur leurs ennemis, et qu'ils conservent en témoignage de leur bravoure, et ensuite d'une décharge de mousqueterie. Après quoy comme il faisait extrêmement froid, l'on eut rien de plus pressé que d'aller se chauffer. Le père Bonneau ensuitte, astronôme et professeur de mathématiques, célébra la messe ; tout le village y assista ; les femmes, les filles et les enfants, suivant l'usage parmi ces gens-là se tiennent dans un espace contourné d'une balustrade dans le milieu de l'Eglise, et les hommes en dehors. Tous y sont à genoux ou accroupis en arrière sur leurs jambes. Le prêtre entonna une hymne en langue sauvage ; les femmes et les filles seulement répondaient. Elles chantent avec une cadence et une justesse qu'on ne peut acquérir en Europe que par un long usage de la musique ; elles continuèrent durant toute la messe ; à mesure qu'une hymne était fini, deux d'entre elles les plus entendues en entonnaient une autre ; elles ont toutes de la voix, et douce et si tendre que si on ne les voyait point, on croirait entendre des religieuses ; elles mèlent même une harmonie dans leur chant qui touche davantage.

Les femmes et les grandes filles étaient chaussées en souliers sauvages, avaient des mitasses aux jambes, étaient vêtues d'une chemise plus ou moins blanche, d'un machicoté qui n'est probablement qu'une pièce d'étoffe rouge ou bleue garnie de 9 à 10 rangs l'un sur l'autre, de galons de soye ou d'argent faux, qui leur pend depuis la ceinture jusqu'aux genoux, et d'un mantelet d'étoffe de soie ; leur col était en porcelaine et leurs poignets étaient garnis de bracelets de même matière ; leurs cheveux étaient rassemblés et fermés dans un étuy de buis ou d'écorce qui leur pendait sur le dos, à l'instar des cadenettes ou queue des Européens.

A la sortie de la messe, visité le trésor de l'Eglise. Il est composé de 10 grands chandeliers, d'une grosse lampe, de deux encensoirs, d'un porte encens, de deux burettes, d'un plat, d'une grande croix avec son bâton, d'une haute de 4 pieds d'hauteur à mettre sur l'autel, et de six grands reliquaires, quantité de vaisselle que les $\frac{3}{4}$ de nos collégiales en France n'en sont pas si bien pourvus ; et les ornements en général, par les broderies et galons d'or et d'argent dont ils sont couverts, sont dignes d'admiration ; ce sont les présents en pelleteries que font les sauvages qui ont produit de quoy faire cette dépense et qui fournissent à l'entretien journalier de l'Eglise.

En sortant de la sacristie, le général se rendit chez les sauvages. Ils étaient assemblés dans une de leurs principales maisons ; le festin qu'il leur donnait était dans le milieu de la chambre ; il consistait en trois chaudronnées de 2 pieds de diamètre, pleins de sagamité, en un bœuf et quatre moutons dépécés et à moitié cuits, (têtes, cornes, pieds et queues, tout y était, rien n'en était séparé, d'autant que selon eux tout fait ventre) et en présens à usage de vêtements. Quand le général et sa suitte furent assis, et eux de même sans façon, le calumet à la bouche, le grand chef se leva pour haranguer ; il parla assez longtemps. Ensuitte le père La Richardy qui a longtemps habité parmi le gros de cette nation, rendit en français leurs discours ; ils consistaient à remercier le général de sa venue et de l'honneur qu'il leur faisait ; à quoy répondu simplement : « dites leur que je leur suis bien obligé. »

L'instant d'après, le harangueur recommença pour vanter la splendeur de l'immensité du festin et des présents qui l'accompagnaient ; ce discours rendu en français, il y fut répondu assez platement. Enfin l'orateur se leva une troisième fois pour offrir leurs services contre les ennemis du Roy, qu'ils nomment le grand

Onontio ; il reçut pour réponse : « dites leur que j'ai quelques petits reproches à leur faire. » Le père La Richardy répliqua de son propre mouvement de les suspendre, que ce serait diminuer le prix de la fête que les en informer ; à quoy consentit. On sortit de là pour aller dîner.

Le dîner préparé aux frais des Jésuites se trouva splendide, quoiqu'on y fut 28 à 30 personnes, cinq dames comprises. Rien n'y manquait, qu'une chambre à contenir tout le monde. On y fit servir en vaisselle platte, et par les gens de M. l'Intendant. On y but toutes sortes de vin, de liqueurs et même du caffé ; on y porta la santé du général, celle de M. l'Intendant, et sans qu'il fût mention de celle de l'amphitrion de la fête, qu'on remit apparemment à une meilleure occasion.

A la sortie de table, on retourna chez les sauvages pour voir leurs danses ; ils commencèrent par en faire une de plaisir et de joie pour marquer leur satisfaction qu'ils ressentaient de la visite qu'on leur rendait. Elle consiste à tourner en cadence en file, autour d'une table ou d'un banc, au bruit de leur instrument, et cela si longtemps qu'on s'en ennuya. Ensuite un s ul homme fit la danse de la découverte ; un autre celle de la chevelure enlevée ; il fut prendre à cet effet, pour mieux figurer l'opération, la perruque de Mr. de Vergor, capitaine d'une des compagnies de la marine ; et un troisième fit celle du blessé.

Les femmes s'attendaient aussi à danser ; le général même le désirait, mais le père Richet, leur missionnaire, sous prétexte qu'elles marquent dans leurs danses quelques mouvements indécents, éluda leur bonne volonté en disant qu'elles ne savaient pas danser.

A la sortie de cette maison, on s'en revint chez les missionnaires où on se chauffa un gros quart d'heure, après quoy l'on monta...................... en voiture ; en retournant, suivi exactement le chemin qu'on avait tenu en allant ; descendu tous au château d'où l'on ne se retira qu'àprès souper.

*Na.*—Tous ces sauvages sont originaires de la nation huronne, qui habite les environs du Détroit ; ils prétendent ne s'en être éloignés que pour embrasser la religion catholique ; ils la professent assez en apparence en public, mais en particulier ils s'assujettissent à leurs passions. Ils sont partisans des français, en ont donné des marques, de manière, qu'après les Abénakis, ce sont les seuls proprement sur qui on peut compter.

La pluspart parlent français, sont assez vêtus de même ; néanmoins ils portent toujours un braguet et une couverture de laine dont ils s'enveloppent ; ils élèvent des volailles et des bestiaux ; ils ont même des chevaux qu'ils conduisent eux-mêmes, attelés à des carrioles pour se rendre en ville. Le sang parmi eux est mêlé aujourd'hui ; d'autant qu'il y a en hommes et en femmes des esclaves anglais faits prisonniers dans les guerres et qu'ils ont adoptés, qui y prennent des habitudes et s'y marient. Il y a même des femmes françaises qui épousent des sauvages ; d'ailleurs, il n'est point sans exemple qu'on y porte des bâtards qui élevés dans les manières sauvages ne tiennent à rien de celles de notre nation. Il est aisé de distinguer tous ces étrangers à la couleur de leur peau qui est autant blanche que celle des sauvages est bronzée.

Les maisons sont baties à l'instar et dans le goût de celles de nos habitants, de pièces sur pièces, couverts en planches et distribuées avec cheminées, portes et fenêtres. Ils s'y procurent assez les mêmes commodités ; entr'autres des poëles en hivert, de sorte que leur malpropreté se trouvant échauffée, répand une odeur qu'eux seuls sont capables de supporter. Les hommes néanmoins, malgré toutes ces aisances qu'ils se procurent à force d'argent, conservent toujours l'usage de la chasse en hivert, mais ils ne s'éloignent guères plus de 30 à 35 lieues.

Ce village est composé de 25 familles, faisant ensemble 120 âmes. Ces familles n'occupent que 17 maisons et sont divisées en trois bandes du nom
« de la Tortue,
» du Vautour
» et du Loup. »

Chacune de ces bandes a son chef particulier, qui est soumis à un autre à titre de grand chef ; et on ne compte parmi eux que 40 guerriers.

De tout ce détail, il est aisé de voir que ce village n'est pas considérable ; on doit le considérer le moindre de ceux établis sous le gouvernement français. Les Jésuites font de leur mieux pour l'accroître, mais comme ils ne veulent point y souffrir de libertinage, on n'y admet que ceux qui veulent embrasser le christianisme. Ils semblent s'y prêter à tout ce qui peut les favoriser ; à cet effet ils ont fait construire un moulin à scie et un autre à grain, selon eux pour la commodité du village, mais plus vraisemblablement pour leur profit. Le ruisseau qui les fait tourner se précipite du haut d'un rocher par cascades en bas. L'endroit est sauvage et digne d'admiration par les différents passages que l'eau s'est procurée ; il y en a un entr'autres où elle a miné plus de quatre pieds sous le rocher, de manière qu'aujourd'hui, il est en l'air et ne se soutient ainsi hors de plomb, que par une liaison de fibres que la nature a formés dans tous les corps.

On ne s'étendra pas plus au long sur ces sauvages, d'autant qu'ils n'ont rien de particulier que la langue, d'avec les autres nations ; c'est assez la même politique, les mêmes manières et les mêmes façons de s'exprimer. Ils caractérisent assez les généraux de la colonie ; ils disaient de Mr. de la Galissonnière, dans un langage figuré, pour marquer l'étendue de son esprit, qu'il avait beaucoup de choses dans la tête ; partant, qu'elle devait être pesante, et que la nature en cela avait accru ses épaules d'une bosse pour la supporter plus facilement.

Fait à Québec, le 28 décembre 1752.

FRANQUET.

# MÉMOIRE

**Des remarques faites sur les principaux endroits que j'ai parcourus dans ma tournée de Montréal, du lac Champlain, et autres lieux depuis le 24 juillet jusqu'au 23 août 1752.**

### DE LA VILLE DES TROIS-RIVIÈRES.

Le nom de cette ville semble indiquer que trois rivières y affluent, tandis qu'il n'y a que celle de St. Maurice qui forme quatre isles à son débouché dans le fleuve St. Laurent, où elle se confond par trois passages qui ont donné lieu à son étimologie.

Elle est située à la rive du nord du fleuve, à peu près à moitié chemin de Québec à Montréal ; c'est en quelque façon l'entrepôt de la communication d'une ville à l'autre. On la distingue en deux parties, l'une haute et l'autre basse ; la première occupe le sommet de la hauteur des terres, et l'autre est établie le long du fleuve. Son état major consiste en un gouverneur, un lieutenant de Roy, un major et un aide major ; il y a en outre un garde magasins qui fait les fonctions de subdélégué à l'intendance. La justice est royale ; elle est composée d'un lieutenant général, d'un procureur du Roy et d'un greffier.

Elle renferme dans ses murs une maison de cinq récollets qui sont curés de la ville, une église paroissiale et un couvent de neuf religieuses Ursulines, qui sont chargées de l'hôpital militaire. Les habitants y sont plus adonnés à la culture des terres qu'au commerce. C'est l'endroit de tout le Canada où on travaille le mieux les canots d'écorce dont on se sert pour voyager dans les pays d'en haut.

Son gouvernement comprend 16 à 17 villages, entr'autres deux sauvages nommés St. François et Bécancourt ; il s'en forme même un troisième d'Algonquins à trois lieues au dessus et du même coté du fleuve, à l'endroit nommé la pointe du Lac. Il y avait déjà lors de mon passage neuf maisons bâties.

D'ailleurs cette ville est le rendez-vous le plus fréquenté des nations errantes nommées Têtes de boule, Montagniers et plus communément Gens de terre, qui y viennent faire la traite de leurs pelleteries.

Avant l'incendie du 19 au 21 mai de cette année qui a consumé 4 maisons, entr'autres celles des religieuses, elle était fermée d'une enceinte de pieux de 10 à 12 pouces de diamètre sur 12 pieds de hauteur, que le feu a brûlée, de manière qu'aujourd'hui elle est ouverte. Dans les arrangements que les particuliers prennent pour rétablir leurs maisons, on serait d'avis de les assujettir à des alignements et même à les construire en maçonnerie autant qu'il sera possible. On représente à cet égard que les bois y sont rares, éloignés et par conséquent fort chers.

Qu'à la vérité la pierre la plus à portée, et la plus à la bienséance du transport ne se peut tirer que de Ste. Anne et des Grondines, villages distants de 8 à 10 lieues de la ditte ville, mais que le terrain y est propre et d'une bonne qualité à faire de la brique. Qu'un particulier s'offre d'attirer de France à ses frais et dépens, des ouvriers experts en ce métier, moyennant que la Cour voulut lui accorder pour neuf ans le privilège exclusif d'en vendre, avec la permission de tirer de la terre, de la travailler, d'étendre ses briques et de construire ses fourneaux sur l'endroit nommé la commune de la ville.

L'on doit sentir combien cet établissement sera avantageux au public pour la bâtisse des maisons, et au roy pour former une nouvelle enceinte et y construire des casernes de maçonnerie.

Tous les bois du crû des environs n'étant pas propre au rétablissement de la dite enceinte, l'on serait d'avis, eu égard à ce qu'on ne pourrait qu'à grands frais et de fort loing attirer l'espèce convenable, comme cèdres rouges et chênes, réputés les plus durs, de fermer cette ville d'un bon mur crénelé, de 2 pieds d'épaisseur sur 12 de hauteur, bien flanqué, et derrière lequel serait une banquette en terre de 3 pieds de haut sur 6 de large.

On dira sur l'objet des cazernes que la garnison actuelle n'est que de deux compagnies, que cy-devant elle était de quatre, mais qu'on estime qu'il faudrait la rendre forte de 6. Bien des raisons concourent à cazerner le soldat. La discipline et le bon ordre s'y établissent et s'y soutiennent mieux que s'il était logé chez les habitants avec lesquels il est toujours à appréhender qu'il ne contracte des liaisons qui l'en rendent trop partisan. D'ailleurs, il est de l'intérêt du gouvernement d'assujettir et d'attirer le plus de sauvages que l'on peut, avec attention néanmoins que, comme ils conservent toujours avec le gros de leur nation une intelligence capable de nous nuire, dans les circonstances d'une guerre, d'être toujours assez en force et à portée de leur résister.

On objectera peut-être que ces casernes et cette enceinte seront d'une grande dépense. On en convient, mais comme elles tendent les unes à soulager les habitants de la ville, et l'autre à donner, suivant les circonstances, un asile assuré à ceux de la campagne, on pourrait s'y soumettre, les uns par une imposition sur les maisons de l'endroit, et les autres par une autre sur chaque arpent qui se trouve défriché dans l'étendue du gouvernement.

Les bâtiments du roy en cette ville sont, savoir : l'un à titre de magasin, un autre pour prison, un 3me à usage de corps de garde, et un 4me servant de poudrière.

Le premier à titre de magasin m'a paru en bon état, il n'est question que de veiller à son entretien.

Le second pour prison exige des réparations en toutes espèces d'ouvrages. Cependant les plus urgentes sont le rétablissement à neuf de la couverture et celle des voûtes qui sont lézardées ; si mieux l'on aime pour plus de solidité les démonter et les refaire entièrement (1).

---

(1) Visités de nouveau ce bâtiment à un second voyage fait aux trois rivières ; il est bon ; ses voutes sont saines ; leurs lézardes ne peuvent engendrer de mauvaises suittes. Il n'y a qu'à le bien entretenir ; surtout la couverture qui demande un entier rétablissement. (Note en marge du manuscrit.)

Le corps de garde dépérit tous les jours. Quoiqu'il soit à la proximité du logement du gouverneur, il est réputé celui de la place.

Et la poudrière enveloppée d'une enceinte de pieux m'a paru bien se soutenir et n'avoir de défault que d'être trop petite.

Cette ville semble augmenter tous les jours et de là exiger des attentions pour les établissements dont elle est susceptible. Mr. de Rigaud entr'autres a saisi celle d'arranger une place publique ; à cet effet, il a défendu au sieur Créeet de rétablir une maison qui était située dans son milieu et qui a tombé en ruine en 1751. Il en a rendu compte à la cour avec plan y joint, en proposant d'indemniser ce particulier d'une somme de 1000 frs. En outre sont deux autres maisons que j'ai remarquées être extrêmement caduques et causer une grande irrégularité à la place ; on serait d'avis lorsqu'elles crouleront qu'on ne permit pas de les relever, affin de donner à cette place tout l'avantage qu'exige le service public, et même celui du roy, dans le cas d'y assembler des troupes et la milice du pays.

### DES FORGES DE ST. MAURICE

Ces forges sont situées à trois lieues de la ville de Trois Rivières, au côté du sud de celle de St. Maurice, et sur la gauche d'un ruisseau qui débouche des hauteurs des bois, et va se confondre en formant plusieurs chutes dans la dite rivière.

L'établissement est considérable ; il consiste en deux forges, en un martinet et une quantité de bâtiments à usage de logements pour tout ce qui est attaché à leur service.

Elles sont régies aujourd'hui sur le compte du Roy, par l'abandon qu'en ont fait le sieur Pugeot et Cie.

Les principaux employés sont un directeur, un caissier, un commis pour le détail, un marchand pourvu du privilège exclusif de débiter des vivres, boissons et marchandises quelconques, et un aumônier.

Les ouvriers sont payés, généralement, par la rareté d'en trouver, à des prix exhorbitants; les uns à raison d'une piastre par quintal de fer, d'autres par des appointements fixes pour toute l'année et quelques uns à différents prix par mois d'hivert et d'été, mais tous sont logés, chauffés et voiturés aux dépens du Roy. Indépendamment de ces ouvriers domiciliés en sont d'autres qu'on est obligé d'attirer de la campagne ou de la garnison des Trois Rivières dans le fort du travail. Les premiers résistent d'y aller sous prétexte qu'ils ont leurs terres à cultiver. On use quelque fois de violence pour les y obliger. De là, il arrive qu'ils préfèrent abandonner le canton pour aller s'établir ailleurs que de se soumettre à ce qu'on exige d'eux. On se retourne du côté des soldats, mais ceux-ci sentant le besoin qu'on a d'eux, ne se prêtent qu'à des prix fort chers qu'on leur refuse; d'où il arrive que les ouvrages languissent et qu'il en influe un grand préjudice au Roy.

Il est aisé de convenir que tous ces employés et ouvriers sont d'une dépense considérable; elle n'est pas la seule; la fabrique de charbon, l'achat des fourages et avoines, l'emplette des chevaux, les voitures, les harnois, leur entretien et les charois de la mine du fer, et des denrées quelconques.....au profit qu'on en retire.

De ce détail l'on doit sentir que cette régie peut entraîner bien des abus, d'autant que le directeur n'a pas l'autorité absolue; que le caissier la partage, que chacun rend compte à Mr. l'Intendant directement ou à son subdélégué de la partie qui lui est confiée, et que le préposé à la fourniture des vivres entretenu aux frais du Roy se croit indépendant.

MOYENS PROPOSÉS POUR MAINTENIR LE BON ORDRE, DIMINUER LES DÉPENSES ET AUGMENTER LA FABRIQUE DU FER.

I

Ce serait de commettre un directeur intelligent, dont l'autorité absolue, subordonnée néanmoins à Mr. l'Intendant, s'étendit sur tous, qui lui obéissent, rendissent compte et y fussent subordonnés.

II

Que le charbon fut fait par des marchés convenus, ainsi que les achats de fourrages et d'avoines. Que les employés chargés des détails tinsent un registre journalier de leurs dépenses, pour les confronter au besoin à celles rapportées de chacune des parties au compte général; et de là pouvoir juger de la conduite d'un chacun.

III

Qu'on attira de France un maître ouvrier entendu et expert en toutes sortes d'ouvrages, soit pour la conduite de ceux à faire en réparation, que d'autres en augmentation dont cet établissement est susceptible, tant par l'abondance des eaux du ruisseau que par les emplacements favorables à des martinets que présente sa rive droite.

IV

Qu'indépendamment des ouvriers forgerons qu'il faut de nécessité envoyer de France, pour renouveller ceux d'aujourd'hui, qui, sous prétexte que le terme de leur engagement est expiré, y font la loy pour le travail, on en fit venir une cinquantaine d'autres de tout métier pour travailler sous les ordres et sous les yeux du précédent.

DE LA VILLE DE MONTRÉAL ET DE SES FORTIFICATIONS

Cette ville située par le 45° degré 43 minuttes de latitude, est assise à la rive du sud de l'isle de ce nom, si mieux l'on n'aime dire à celle du nord du fleuve St. Laurent; elle est plus longue que large, assez bien percée et peuplée. La plupart des habitants y sont adonnés au commerce, principalement à celui connu sous le nom des pays d'en haut. Dans le nombre on en compte 7 à 8 riches de 150 à 200,000 livres, de manière qu'elle l'emporte pour l'excellence sur Québec.

Elle renferme dans ses murs des Jésuites et des récollets à titre de maisons de résidence, des prêtres sulpiciens qui sont curés de la ville et seigneurs de l'isle, un hôtel Dieu desservi pa[illegible] à 35 religieuses. et des sœurs de la congrégati[illegible], et en dehors, il s'y forme un établissement de sœurs grises, dans une maison à titre d'hôpital desservi cy-devant par des frères charrons.

Le Roy est le seigneur honoraire de la ville, mais le séminaire l'est du domaine utile. La justice y est royale ; elle est composée d'un lieutenant particulier, d'un procureur du Roy, et d'un greffier. Ces trois premiers sont nommés par sa Majesté, et ce dernier présenté par les prêtres doit en être approuvé ; son ressort pour les affaires contentieuses s'étend sur les 42 villages ou seigneuries dont le gouvernement est composé. Quant à la police, le juge n'en est chargé que dans la ville et dans sa banlieue seulement ; au delà dans les côtes, elle est administrée par le subdélégué de Mr. l'Intendant.

Son état major est complet ; il comprend un gouverneur, un lieutenant du Roy, un major, deux aides-majors et un capitaine des portes. Sa garnison est plus ou moins forte, mais pour l'ordinaire elle est de 9 compagnies, composées chacune d'un capitaine, d'un lieutenant, d'un enseigne en premier, et d'un autre en second ; il y a en outre, pour le service, un commissaire de la marine et un garde magasin.

La compagnie des Indes a le commerce exclusif du castor. On estime qu'il se monte d'une année à l'autre de 4 à 500,000 livres. Elle y entretient à cet effet un directeur. Quant à toutes les autres pelleteries, le commerce est libre à un chacun. C'est en cette ville où elles se vendent avant de descendre à Québec ; d'ailleurs, elle est le rendez-vous des sauvages qui y viennent à la fin d'avril, tant pour apporter des colliers au gouverneur, en recevoir des présents, que pour faire des représentations ; ils y séjournent jusqu'à la fin d'Aoust. Il s'y en présente de toutes les nations, mais ceux dont on fait le plus de cas sont connus sous le nom d'Iroquois. Aussi les salue-t-on du canon à leur arrivée et à leur départ.

Le séminaire dont on a parlé est considérable ; il comprend au moins trente prêtres dont plusieurs sont curés des seigneuries qui leur appartiennent.

Les bâtiments appartenant au Roy sont :

1° Un magasin aux vivres bien bâti et auquel on faisait une augmentation dans le courant de la campagne.

2° Un hangard pour les canots.

3° Une boulangerie.

4° Un corps de garde à la place.

5° Un autre vis-à-vis la maison du général.

6° Une poudrière et trois hangards de planches, en dehors pour log r les sauvages.

Indépendamment de ces bâtiments, appartenant en propriété à sa Majesté, en sont d'autres loués et entretenus à ses dépens, savoir : la maison du général, celle de l'Intendant, celle du commissaire, celle du garde magasin, et un hangard au dehors de la ville pour servir de magasin.

### DE SA FORTIFICATION

Sa fortification est neuve ; elle consiste en une enceinte uniforme, bastionnée et avec flancs et courtines qui présentent des défenses reciproques dans toutes ses parties ; le terrain auquel il semble qu'on s'est assujetti a occasionné seulement du changement à quelques uns de ses fronts.

1° Depuis l'angle du bastion 8, jusqu'à la porte V de la canoterie, c'est un revêtement de 12 pieds de hauteur, surmonté d'un mur crénelé de 7 pieds et adossé jusqu'au cordon d'une banquette de 9 pieds de large, soutenu par un contremur de 10 pieds de haut.

2° La partie d'entre l'épaule droite du bastion 14 et l'angle flanqué du bastion 2, a été établie sur berne et de même hauteur que la précédente. On observe seulement que la courtine brisée, eu égard aux angles qu'elle présente, pourrait souffrir quelque correction, mais son élévation qui en fait la principale deffense, étant la même qu'au pourtour de l'enceinte, on croit devoir n'y rien changer pour le présent.

3° Les fronts d'entre 8, 9, 10, 11, 12, 13, 14 et de 2 et 3 revêtus de même que les précédents, présentent plus de deffense, d'autant qu'il y a un fossé de 21 pieds de large sur les faces, revêtu à son bord extérieur d'un mur de 8 pieds de haut et couvert d'un glacis plus ou moins roide et allongé.

Par ce détail, il est aisé de voir que, quoique cette enceinte soit flanquée de toute part, elle est d'une construction faible, et qu'elle ne peut résister que contre une attaque par surprise ou par escalade, et nullement contre toute autre avec du canon.

L'inspection du plan fait d'ailleurs connaître que ses flancs sont trop petits, les angles flanqués trop ouverts, et que la partie d'entre la porte Y. du fort et l'angle flanqué du bastion 6 n'est vue de nulle part.

Dans cet état, cette ville est bien fermée, mais l'on observe que si l'on était dans le cas d'y être attaqué, il faudrait former en avant des 5 portes de face au fleuve, un tambour avec de gros pieux pour les garantir du pétard, ou d'être hachées dans l'insulte qu'on y méditerait d'un coup de main.

Indépendamment de ces ouvrages, est la batterie royale cottée I. construite moins en vue d'augmenter la deffense de la place, que pour y faire les saluts et réjouissances publiques.

Dans la visite que j'ai faite de ces fortifications, j'ai remarqué quelques parties de leur achèvement en souffrance, et d'autres à réparer à titre d'entretient.

Les premières consistent en couvertures de planches sur les murs, et les autres en rejointements, pour rassurer quelques parties du revêtement qui menacent de renverser, et à remettre en place des pierres de gresserie détachées aux angles et aux embrazures.

En outre de ces réparations, l'on serait d'avis pour en prévenir de plus considérables, qu'on défendit aux particuliers, sous quelque prétexte que ce puisse être, de bâtir sur les murs de la dite enceinte, de n'y rien déposer, et qu'on ordonna d'enlever tout ce qui gêne aujourd'hui la communication à son pourtour intérieur pour que le service fut libre partout ; il est déjà arrivé que quelques-uns ont élevé des bâtiments sur le contre mur de la banquette, qui règne le long de la partie de face au fleuve, et que par succession si l'on n'y veille, on se prévaudra de la jouissance acquise pour en établir le droit de propriété ; d'ailleurs, mon avis serait que comme cette ville est munie d'un état major complet, d'une assez forte garnison et que par son enceinte, elle ressemble à une place de guerre, qu'on y fit le service avec la même régularité. Pour lors le passage nécessaire aux rondes empêcherait toute entreprise le long des murs. On insiste d'autant plus à cette exactitude que toutes les troupes de cette colonie étant dans le cas d'être souvent détachées à portée des nations qui ne souffrent les postes du Roy que malgré elles, on ne saurait trop les accoutumer à une vigilance qui concerne autant leur sûreté qu'à les maintenir dans une exacte subordination.

Cette ville est l'endroit du Canada où l'on tient le plus de troupes, en vue de les avoir à portée pour les détacher dans les postes du pays d'en haut. D'ailleurs elle est le rendez-vous, comme on l'a dit, de toutes les nations sauvages ; ainsi il est bon qu'ils voyent par eux-mêmes les forces qu'on y tient, pour que ceux qui sont de nos amis sentent combien ils seraient soutenus au besoin, et que les autres, partisans de l'anglois, jugent des efforts que nous serions dans le cas de faire contre eux.

Le soldat y est logé chez les bourgeois ; de là, l'on doit conclure que l'on ne peut l'assujettir au bon ordre et à l'exacte discipline indispensable au service. Mon avis serait qu'on y construisit des cazernes. A cet effet sont deux emplacements quoique serrés, assez convenables, et les moins coûteux au Roy ; si on les y détermine, on fera les plans de leur distribution et les dessins nécessaires à leur construction.

***

DU VILLAGE SAUVAGE NOMMÉ COMMUNÉMENT FORT ST. LOUIS

Ce village nommé tel à cause du sault de ce nom qu'il faut passer pour s'y rendre de Montréal, est situé à 3 lieues de la ditte ville, au dessus de l'île aux hérons et à la rive du sud du fleuve St. Laurent ; il est composé uniquement de sauvages iroquois originaires de ceux qu'on nomme les cinq nations ; ils y sont divisés en trois familles, et chacune d'elles en deux bandes commandées par des chefs particuliers, mais tous subordonnés à un seul à titre de grand chef.

Je désirai savoir le nombre des guerriers et même celui des personnes à chacune des bandes, mais le commandant du poste que le Roy y tient ne put me satisfaire. Je m'adressay aux Jésuites missionnaires qui me répondirent qu'il y avait tant de mouvements parmi ces gens là, qu'on ne saurait en constater un état juste ; cependant qu'on y estimait 200 guerriers et 10 à 11 cents âmes.

Je crus m'appercevoir que ma demande était indiscrète, et que ces pères étudiaient au militaire les connaissances tendantes à partager par la suitte l'autorité dont ils semblent être en possession aujourd'hui. Il serait cependant à propos d'avoir tous les ans un dénombrement détaillé de la force de ce village, tant pour juger de son progrès que des ressources qu'on pourrait en tirer dans les circonstances d'une guerre. Pendant la dernière, eu égard à la position avancée de ce village et à l'intelligence que les sauvages y pouvaient entretenir avec ceux des nations d'où ils sont sortis, on avait saisi le dessein d'y établir un fort quarré de la figure marquée au plan, et capable par sa construction, d'y conserver en sureté les postes des troupes réglées que l'on y tient, et de s'y deffendre contre toutes autres attaques qu'avec du canon ; à cet effet pour donner plus de résistance, on résolut son enceinte d'un mur de maçonnerie, percé de créneaux, et avec banquette volante sur le derrière, tel que le profil le représente, mais lorsqu'elle fut à moitié faite, les sauvages s'opposèrent à son achèvement, disant qu'apparemment ils nous étaient suspects, et que la partie de face au village tendait à les désoler et à les soumettre à notre discrétion ; pour calmer leur inquiétude on fut obligé d'arrêter, et même au lieu d'étendre les figures en E G, de réduire et de la fermer par ordre de Mr. de Beauharnois en A... B... D... E..., avec des pieux.

C'est dans ce fort, tel qu'il est aujourd'hui, que se tiennent les troupes du poste, et si le projet avait eu son entière exécution, la maison des missionnaires et l'église devaient y être renfermées.

Indépendamment de ce fort, les sauvages avaient requis une enceinte de pieux, au pourtour du village. A quoy consenti et travaillé, mais quand il fut question de la faire régner le long de la partie de face à la rivière, jamais ils ne voulurent la souffrir, de manière qu'aujourd'hui, le village est ouvert, que les ouvrages faits en maçonnerie sont en pure perte, que le fort n'étant fermé sur deux côtés que par des pieux, le poste peut être enlevé de vive force par des nations ennemies attirées par les sauvages domiciliés ; que sait-on, peut-être par eux-mêmes, si leurs intérêts pour lors les conduisaient à se séparer de nous.

## RÉFLEXIONS

Il y a lieu de croire :

1° Que les sauvages ne se sont révoltés contre l'achèvement du fort que par les conseils des missionnaires qui, sentant que plus le poste serait d'une forte résistance, plus il balancerait leur autorité : que d'ailleurs, leur maison et leur église s'y trouvant renfermées, ils seraient éclairés de trop près et gênés dans leur conduite pour les secours spirituels.

2° L'opposition que les sauvages ont fait à l'achèvement de l'enceinte, au pourtour du village, n'a été appuyée que de la liberté d'entrer et sortir en toutes circonstances, prétexte frivole et suggéré par des marchandes nommées Désaulniers y résidentes pour lors, qui se seraient trouvées traversées par une clôture, dans le commerce qu'elles y faisaient de marchandises prohibées.

Mon avis serait de représenter à ces sauvages que sa Majesté ayant leur sûreté à cœur, n'avait saisi le dessein de contourner leur village d'une enceinte de pieux que pour les mettre à l'abri de leurs ennemis, que le côté de face au fleuve restant ouvert, ils étaient exposés à toute insulte de leur part, que d'ailleurs le fort était un azile assuré pour leurs femmes, leurs enfants, leurs effets les plus précieux, et pour eux-mêmes en s'y retirant; après avoir fait les derniers efforts à la deffense du village, et qu'enfin tous ces ouvrages devaient leur être un témoignage de la confiance qu'avait sa Majesté en leur fidélité ; partant, qu'ils devaient concourir à leur achèvement.

Indépendamment des ouvrages nécessaires à la perfection de l'enceinte du village et du fort, on serait d'avis d'éclaircir les environs, à la portée du fusil, en coupant tous les arbres et broussailles qui s'y trouvent, affin de découvrir tout ce qui débouchera des bois, et mettre par cette précaution, à l'abri de l'insulte ordinaire, qui n'est proprement qu'un assassinat et que les sauvages nomment communément coups, les sentinelles et patrouilles destinées à veiller à la sûreté de ce poste.

DU VILLAGE DES DEUX MONTAGNES

Ce village est situé au côté du nord de la rivière des Outaouais ditte communément la grande rivière, à sept lieues du précédent, et à 10 de Montréal. Il est composé d'Iroquois, d'Algonkins, de Nipissingues et de français. Ces derniers n'y sont établis que pour faire la traite aux pelleteries et le commerce de toutes sortes de marchandises, même des prohibées que l'on tire de la Nouvelle Angleterre.

Toutes ces nations sauvages sont commandées par des chefs particuliers indépendants les uns des autres, et vivent assez d'intelligence ensemble, néanmoins leurs habitations à chacune sont séparées par cantons. Les Algonkins et Nipissingues peuvent fournir environ 113 guerriers et les Iroquois 115, et tous ensemble femmes et enfants compris forment un village de mille soixante âmes.

Les prêtres sulpiciens de Montréal en sont les seigneurs et les missionnaires. L'un d'entre eux nommé Mr. Piquet, qui y résidait cy-devant, autant zélé pour la sûreté des sauvages que pour leur conversion, enfanta pendant la guerre dernière, plusieurs projets d'ouvrages qu'il a fait exécuter, pour mettre ce village à l'abri d'insultes des ennemis.

Le plan cy-joint représente au pourtour du village une enceinte G H I K flanquée de redoutes en bois aux quatre angles du quarré, et de quatre redents de figures différentes, formées de pieux et distribuées au grand côté de face au nord. Cette enceinte aurait suffi si on l'eut continué le long de celui de la rivière, ainsi que l'ont demandé cy-devant et le requièrent encore les sauvages aujourd'hui.

Indépendamment de cette enceinte, il a été formé en pieux une figure pentagonale E M N O P, dont deux fronts ont été tronqués pour construire le petit fort de maçonnerie Q R S T, dans lequel sont renfermés le presbytère et l'église.

Les ouvrages de ces deux dernières figures, construites en pieux seulement, avec banquette imparfaite dans leur pourtour, sont d'une faible existence, et ces derniers quoique flanqués et faits en maçonnerie auraient pu présenter une plus forte deffense ; enfin, dans la confiance apparente que plus il y aurait d'ouvrages et plus difficiles seront l'attaque de ce village, ce missionnaire fit construire en avant de cette première enceinte deux redoutes E F, de pièces sur pièces, qui subsistent encore, et semblent par le peu de rapport qu'elles ont avec les ouvrages précédents, y avoir été plantées au hazard.

Les vues de ce missionnaire s'étant trouvées remplies pour la sûreté des sauvages, il songea à établir un bâtiment pour leur utilité et bienséance ; à cet effet il fit construire celui cotté B. pour assembler les iroquois et y tenir leur Conseil. Il est loué et entretenu aujourd'hui par le compte du Roi pour loger les officiers et les soldats du poste ; peu après, il fit élever l'autre bâtiment cotté D à mêmes fins, pour les Algonkins et Nipissingues ; il est resté imparfait, et il y a apparence qu'on a renoncé à son achèvement. Il n'y aurait rien à dire sur tous ces ouvrages s'ils avaient été construits aux dépens de ce missionnaire ; mais il m'a été assuré que le roi avait payé la plus grande partie de leur dépense.

Il est étonnant qu'on s'y soit prêté avec si peu de connaissance de l'employ, et qu'on n'ait pas réduit ces ouvrages à ceux proposés cy-après, savoir : à l'enceinte G H T K qu'il faut entretenir en bon état, et au fort de maçonnerie Q R S T, dont les troupes s'empareront dans les circonstances d'une attaque, en élevant néanmoins une banquette au pourtour intérieur des murs, et en formant un bastion d'égale capacité des autres à l'angle de la gauche du côté du sud de ce quarré.

Tous les autres ouvrages seront détruits ; et des redoutes I F, il en sera établi une à l'angle K, en la place de celle qui s'y trouve qui n'a point de deffense.

Le côté de face de la rivière sera contourné d'une enceinte en pieux, semblable à celle du pourtour du village, et de la figure marquée au plan.

En outre, mon avis serait qu'on fît un éclairci de 250 toises de largeur au pourtour de cette enceinte pour découvrir tout ce qui pourra sortir des bois.

Les raisons pour lesquelles on s'est déterminé à fortifier ces deux villages sauvages, plutôt que d'autres français, ne se présentent point d'abord ; il faut les chercher. Les uns paraissent favorables aux sauvages, et les autres au service.

Les premières sont qu'en supposant ces sauvages agir, dans les circonstances d'une guerre, de concert avec nous, ils se porteraient au loing à la découverte des mouvements des ennemis, et que dans le cas d'être apperçus et suivis, il leur serait avantageux de rabattre dans un azile assuré ; d'ailleurs, leur village se trouvant contourné d'une enceinte de gros pieux et bien flanqués, leurs femmes, leurs enfants s'y trouvent à l'abri de toutes sortes d'insultes par surprise.

Les autres sont que ces sauvages entretiennent toujours avec les nations dont ils sont originaires beaucoup de liaison et d'intelligence ; partant, qu'il est bon de les éclairer de près. Néanmoins, sans leur marquer le moindre soupçon, au contraire, il faut leur faire sentir que sa Majesté a tant de confiance en eux et y prend tant d'intérest, qu'elle les fait soutenir par un poste de ces troupes, et que si elle les tient enfermés dans un fort, c'est en vue de faire plus de résistance en leur faveur. Si cependant, l'on apperçoit que ce fort leur fit ombrage, et qu'ils fissent des représentations pour l'éloigner, il n'y aurait qu'à leur répliquer que s'ils sont vraiment attachés au Roy, ils ne sauraient qu'approuver les mesures que sa Majesté prend à leur deffense, et qu'en s'y opposant, ils nous donnent des soupçons de leur fidélité.

*Du village de la Prairie, du Fort St. Jean et de la communication d'un de ces endroits à l'autre.*

### DU VILLAGE DE LA PRAIRIE

Ce village situé au coté du sud du fleuve et à une lieue et demie de Montréal, est l'un des plus considérables de la colonie. Il appartient aux Jésuites. Dans les premières guerres avec les sauvages, il a beaucoup souffert, d'autant qu'il est en tête des habitations de cette partie du fleuve ; on y voit encore une enceinte de pieux qui enveloppait cy-devant l'église et une partie des maisons, mais que l'on néglige aujourd'hui sous prétexte que ce village est couvert du fort St. Jean et de celui de St. Frédéric.

On en fait mention ici qu'autant que les effets en tous genres, nécessaires à l'approvisionnement du fort St. Jean et de celui de St. Frédéric, qu'il faut indispensablement tirer des magasins de Montréal, y sont débarqués et ensuitte chargés sur des charrettes, pour être voiturés à ce premier poste ; on observe à cet égard que cette traversée du fleuve se fait sur des batteaux plats nommés communément batteaux du 8 de la charge de six milliers pesant, qu'elle n'est point absolument aisée, qu'il s'y trouve un rapide à monter situé vis-à-vis la pointe du sud de l'isle Saint Paul, et à portée d'une chaîne de roches qui découvrent et même un platier dans le milieu du fleuve qui oblige à des précautions pour ne pas échouer.

### DU FORT ST. JEAN

Ce fort est situé sur les bords du côté de l'ouest de la rivière de Richelieu, à l'endroit où elle prend le nom de Lac Champlain.

Sa figure est un parfait carré de 30 toises du côté extérieur flanqué de quatre bastions d'égale capacité.

Les courtines sont formées de pieux serrés l'un contre l'autre, percés de créneaux à hauteur de 8 à 9 pieds, et derrière lesquels est une banquette volante en charpente ainsi que le profil le représente.

Dans chacun des deux bastions du coté de face à la rivière est établi un bâtiment sur mur de maçonnerie de 6 pieds d'hauteur, élevé ensuitte de pièces sur pièces, percé d'embrazures et de créneaux, et couvert de planches; la distribution consiste en un rez de chaussée, en un étage, auquel on monte par des escaliers placés en dehors et en un grenier.

Les troupes commises à la garde de ce fort sont logées dans l'étage du bastion de la droitte de l'entrée, et le garde magasin occupe celui de la gauche; le rez de chaussée et le grenier à l'un et à l'autre servent de magasins aux vivres et aux approvisionnements quelconques.

Dans chacun des deux autres bastions, est un bâtiment isolé de l'enceinte; l'un, situé à droitte de l'entrée sert de logement à l'officier commandant, l'autre, de boulangerie. Il est aisé de connaître que cette construction n'est bonne que contre de la mousqueterie. A cet effet, pour en soutenir la deffense et même l'augmenter lors d'une rupture avec les anglais et les sauvages, l'on serait d'avis :

1° de veiller soigneusement à l'entretient de ses ouvrages;

2° de former en pieux un tambour A B C D devant la porte de l'entrée dans le fort pour empêcher qu'on ne vienne y attacher un pétard nuitamment, ou la hache ;

3° que sur le prolongement des faces des côtés collatéraux à celui de la rivière, on fit régner une estacade E F aussi en pieux jusque dans l'eau, affin d'obliger ceux qui méditeraient une attaque sur le front de la porte de ne s'y présenter que par batteau ;

4° qu'on y tint des barriques prêtes à être remplies d'eau au besoin, pour éviter les inconvénients d'en aller prendre à la rivière, dans le cas que ce fort serait investi par une nation ennemie, et enfin, qu'on coupa à la distance de 290 toises au moins de l'enceinte tous les arbres et broussailles, à la faveur desquels on peut en approcher à couvert aujourd'hui.

On observe que ce fort est le dépôt des munitions et effets qu'on envoye de Montréal au fort St. Frédéric, et que leur transport s'y fait par le lac Champlain sur une barque de 40 à 50 tonneaux entretenue aux frais du Roy.

La situation de ce poste exige de l'attention à sa conservation en temps de guerre ; l'on serait d'avis pour lors d'y tenir une forte garnison. La sureté des vivres et munitions y oblige autant comme leur transport aux postes éloignés ; d'ailleurs, elle serait à portée de renforcer, suivant les circonstances, le fort St. Frédéric et celui de Chambly. Elle soutiendrait la communication de l'un à l'autre, et plus elle serait forte, plus elle donnerait par ses courses de l'inquiétude à l'ennemy, dans le dessein qu'il méditerait de pénétrer dans le pays, et enfin, moins il songerait à l'attaquer. Il y a un terrain autour de ce fort, pris sur la seigneurie de Mr. de Longueil et que l'on considère à titre de banlieue. Comme il n'est point borné, les officiers et employés y résident, et prétendent en profiter et l'étendre à leur bienséance ; ce qui occasionne des difficultés. Pour les éviter, l'on serait d'avis que les limites de cette banlieue fussent déterminées par la cour, et que ceux qui se croient en droit d'en jouir, ne le pussent qu'à la distance de 100 toises de celle de 250, défrichées et mentionnées cy-devant ; cela leur ferait 32 arpents $\frac{3}{8}$ quarrés, sur 3 des côtés seulement.

On observe à cet égard que des dtes. 250tes. la largeur de 100tes. sera défrichée aux dépens du roi, et l'autre de 150, aux frais du seigneur concessionnaire, à faute par lui de se soumettre à cet arrangement, que la ditte étendue de 150t. sera réunie au domaine de sa Majesté.

### DE LA COMMUNICATION DU VILLAGE DE LA PRAIRIE AU FORT ST. JEAN

Cette communication peut être considérée en deux parties. La première, comprise entre le village de la Prairie et l'entrée dans le bois, est de 2 grandes lieues. Le chemin y est tortueux et assujetti aux sinuosités de la rivière nommée vulgairement de la fourche, sur laquelle sont deux grands ponts en fort bon état ; d'ailleurs, il est traversé de 15 à 20 autres petits ponceaux, établis sur des fossés d'écoulement, mais en tout il est bon et praticable en tout temps. Son entretien est à la charge des habitants de ce village.

*Na.*—Qu'à une lieue et demie en avant du dit village, le chemin qui vient de Chambly y débouche sur la gauche.

La seconde partie de trois lieues et demie de longueur a été tracée sur 2 allignements tirés droit chacun jusqu'à la rivière Chambly : le premier, percé dans une partie de bois, et traversé de 2 grands ponts établis, l'un à peu près dans son milieu, et l'autre, à son extrêmité sur la rivière de Montréal ; ils sont brûlés aujourd'hui. On ne saurait apporter trop de diligence à leur rétablissement.

Environ à 5 ou 6 arpents sur la gauche du premier pont, les Jésuites font construire un moulin sur la ditte rivière. J'en étais prévenu de leur part, avec prière d'examiner s'il ne conviendrait point, eu égard à la nécessité de rétablir ces 2 ponts, de faire passer le chemin en dessus. J'ai été sur les lieux ; il n'y a pas moyen de se prêter à leurs vues, à moins de former une difformité par un détour, et de constituer le Roy dans la dépense d'un nouveau tracé dans le bois.

A l'extrêmité de cet alignement, est un coude qui conduit à une savanne où commence le second ; le chemin qui la parcourt sur une lieue et demie de longueur, y est traversé de trois ponts, et son extrêmité joint le bois où l'assiette est si mauvaise qu'on a été obligé de l'affermir par des rondins qui, à mesure qu'ils s'asseoiront, causeront beaucoup d'embarras et d'incommodités aux voitures. D'ailleurs, la traversée de ce bois est bordée de plusieurs arbres déracinés et de quelques autres à demi renversés, que le moindre vent fera tomber, et dont la chute causera toujours la ruine du chemin.

*Na.*—Qu'on nomme savanne un terrain mal spongieux et qui ne produit que de mauvais sapinages.

Parvenu à l'extrémité de ce second alignement, le chemin prend sur la droitte pendant une demie lieue et conduit tout le long de la rivière au fort Saint Jean.

On ne saurait disconvenir que cette communication ne soit très-utile et n'épargne beaucoup de frais au Roy, d'autant qu'avant qu'elle ne fût établie, on était obligé de transporter les vivres de Montréal aux forts St. Jean et de St. Frédéric par batteaux qui descendaient le fleuve jusqu'au village de Sorel, remontaient la rivière de Richelieu jusqu'au fort Chambly, où il fallait les décharger pour traverser les trois rapides qui se trouvent en dessus, et de là, les recharger pour les porter a leur destination.

On observe que cette seconde partie de communication est totalement à la charge du Roy, et que, par la suitte, à mesure que les établissements demanderont considération, l'on pourra redresser cette communication, en diriger l'allignement du clocher du village de la Prairie, droit sur le fort St. Jean.

# CANADA, 1753

## VOYAGE PAR TERRE ET SUR LES GLACES DE QUÉBEC A MONTRÉAL

Il est ordinaire que l'intendant de la Nouvelle France monte tous les ans à Montréal en hivert, tant pour régler la fourniture des vivres aux postes des pays d'en haut, les présents à faire aux différentes nations sauvages, conformément aux mémoires et aux états signés du général, et les frais de transport par canots de tous ces effets, que, pour y arrêter les dépenses d'une année à l'autre et constater l'état des magasins du Roy. Ces différents objets ne l'attirent guères qu'au commencement de Mars; mais cette année, eu égard aux arrangements considérables à prendre sur le départ du parti qu'on détache de cette colonie, pour aller prendre possession de la rivière blanche, autrement ditte belle rivière, et aux dépenses qu'engendrera cette entreprise, Mr. Bigot saisit le dessein de s'y rendre plus tôt ; il laissa partir le général dans cette confiance, et il lui promit le 14 Janvier, au moment qu'ils se séparaient à la Pointe aux Trembles, qu'il se mettrait en route le 8 février pour l'aller rejoindre.

Il est de Mr. l'intendant comme du général; il ne voyage point seul, mais accompagné, pour la décence de son état, d'un nombre d'officiers qui lui forment une cour. L'empressement d'un chacun pour y être admis se marque suivant comme il est aimé et bienfaisant. Je dirai à la louange de Mr. Bigot que les chevaux de la ville n'auraient point suffi pour conduire tous ceux qui se seraient présentés, si, eu égard aux dépenses qu'engendre un voyage de cette nature, il n'eut restreint son cortège de 12 à 14 personnes ; à cet effet, il nomma Mesdames :

Daine, femme du lieutenant général de la prévoté.
Pean, femme d'un capitaine de la colonie.
Lotbinière, femme d'un lieutenant.
de Repentigny, femme d'un lieutenant.
Marin, femme d'un enseigne.
Madame de St. Simon, femme d'un négociant.

Messieurs.

Franquet, Inspecteur des fortifications.
St. Vincent, Lanaudière, } Capitaines de la marine.
Dumont, capitaine reformé.
De Repentigny, lieutenant.
et Meloïse, enseigne.

De sorte que, compris Mr. l'Intendant, son secrétaire nommé Décheneau et Monsieur de St. Luc, capitaine de la garnison de Montréal, que des affaires avaient attiré ici depuis deux jours, l'on était 15 personnes indépendamment du maitre d'hotel, du hocton, des cuisiniers et domestiques. Cette liste arrêtée, Mr. l'intendant prévint un chacun de faire rendre chez lui, six jours avant notre départ, les malles et effets qu'on voulait emporter, affin de les envoyer de bonne heure sur des traînes à Montréal avec une partie de ses gens, et tout ce qui sert à l'aisance et usage pour être logé commodément, et y pourvoir tenir tous les jours une table de 20 à 24 couverts.

***

## LE 8 FÉVRIER

Chacun de nous ayant souscrit à cet arrangement, l'on se tint prêt à partir au temps que Mr. Bigot se l'était proposé. Le jour venu, l'on se rendit chez lui. Sa cour était pleine des chevaux nécessaires à en atteler deux à chacune des carrioles des maîtres, et un seulement sur celles des domestiques ; on y dina amplement avec la même propreté et le même ordre que s'il n'eût dû bouger de chez lui. Après quoi chacun fut joindre sa carriole avec la dame qu'il conduisait, Mde. Marin, par parenthèse, m'était échue en partage, et l'on s'embarqua pour aller coucher à la Pointe aux Trembles.

Il y a 2 chemins qui mènent de Québec à la Pointe aux Trembles : le premier que l'on pratiqua le 14 Janvier en accompagnant Mr. le Général, règne le long du fleuve et oblige à monter et à descendre plusieurs côtes, en quoy il est dûr et difficile aux chevaux ; pour les éviter, on suivit l'autre ; il conduit en prenant à droite de la sortie de l'intendance et tout le long de l'escarpement du cap. Passés à portée de l'hopital général qu'on laisse à droite ; au delà, au village de la vieille Lorette ; traversés ensuitte sur ponts de bois deux branches de la rivière du cap Rouge. Enfin par un chemin autant uni et plat que celui de la 1re route est montagneux, parvenus d'une habitation à l'autre dépendants de la paroisse de St. Augustin et la ditte pointe aux trembles. On estime 8 lieues de Québec et la ditte pointe par cette routte, tandis que par l'autre il n'y en a que sept ; cependant on ne fut pas plus de temps à le faire quoiqu'il fit un grand vent, un froid excessif et qu'il tomba beaucoup de neige ; il faut dire aussi que les chevaux allaient à la canadienne, c. à. d. en train de poste.

*Na* —Quand les Canadiens voyagent l'hivert, ils se précautionnent beaucoup contre le froid ; à cet effet, ils prennent des souliers sauvages, faits seulement de peau de chevreuil et garnis en dedans d'un chausson de laine, portent des bas drapés, se couvrent le corps d'un capot de castor, le poil en dehors, et la tête d'un casque de peau de marthe.

Ils prétendent que le froid pénètre moins les souliers sauvages que d'autres français, que cy-devant ils portaient le capot le poil en dedans, mais que les sauvages leur avaient fait entendre que la nature en les mettant en dehors aux animaux, pour les garantir des rigueurs du temps, indiquait que pour avoir plus chaud, il fallait en user de même.

Le premier soin en arrivant fut de se chauffer, ensuite de chercher son logement ; je fus prendre le mien chez Mr. le Curé ; après quoi, de retour chez les sœurs où logeait Mr. l'Intendant, l'on joua jusqu'à sept heures et l'on soupa grandement, et l'on se retira sur les 9 heures ; pendant que l'on était à table arriva Mr. de Vergor, capitaine de la garnison de Québec ; il venait de Montréal et nous apprit rien de nouveau.

Le secrétaire de Mr. l'Intendant paya et congédia tous les voituriers venus de Québec, et donna des ordres au capitaine de la côte de tenir prêts pour le lendemain à 7 heures du matin, le nombre de chevaux nécessaires à faire route. Il répondit qu'il en était prévenu d'avance, ainsi que pour autres à tenir en relai au Cap Santé, et que rien ne manquait.

RÉCAPITULATION DES DISTANCES D'UN ENDROIT A L'AUTRE

| | Lieues |
|---|---|
| De Québec à l'église de la Vieille Lorette.......... | 3 |
| De cette église jusqu'à la hauteur de St. Augustin................................................ | 3 |
| Et de cette dernière à celle de Neuville paroisse de la Pointe aux Trembles.......................... | 2 |
| Ensemble.......................... | 8 |

***

LE 9

Le lendemain matin, chacun s'était rendu au logement de Mr. l'Intendant ; l'on y servit du thé, du caffé, du chocolat et même un morceau à manger pour ceux qui le désiraient. Après quoi l'on monta en carrioles ; suivis le chemin qui règne le long du fleuve. Il conduit à la paroisse des Ecureuils.

Descendus la côte de ce nom joignant l'église qu'on laisse à gauche.

Montés au delà de celle de la veuve à Godin, descendus plus loing celle de la rivière Jacques Cartier, traversés la ditte rivière sur la glace, montés ensuitte la côte de la rive droitte, descendus au delà celle de l'Eglise du Cap Santé, laissés la ditte église à gauche, descendus plus loing la côte à Pagé ; pris au bas des chevaux de relais chez le sieur Mercier, capt. de la côte, y chauffé et déjeuné pendant 2 bonnes heures. Remontés en carrioles après-midy, passés à la Seigneurie de Port Neuf, traversés la rivière de ce nom sur pont de bois, plus loing laissés l'Eglise de Déchambeau vis-à-vis de laquelle est un bouquet d'arbres ; traversés sur pont semblable le ruisseau du moulin de la paroisse de ce nom. Descendus celle des Grondines, laissés à gauche l'église de cette paroisse, entrés sur la seigneurie de Ste. Anne, et suivis la rivière qui la parcourt jusqu'à l'habitation du Sr. Noël, capitaine de la côte, où arrivés à 4 heures après midi. M. Bigot y établit son logement ; chacun de nous fit chercher le sien. J'étais invité à prendre le mien chez Mr. de la Pérade, lieutenant réformé, seigneur de l'endroit et père de Mr. de la Naudière. Après m'y être échauffé et délassé, je rejoignis tout le monde chez Mr. l'Intendant, où joué et soupé grandement. L'on se retira sur les 9 heures.

RÉCAPITULATION DES DISTANCES D'UN ENDROIT A L'AUTRE

| | Lieues |
|---|---|
| De la Pointe aux Trembles à l'Eglise des Ecureuils. | 2½ |
| De l'Eglise des Ecureuils à celle du Cap Santé..... | 1½ |
| De la ditte église à celle de Déchambeau .......... | 3 |
| A celle de l'Eglise des Grondines.................... | 2 |
| De cette dernière à celle de Ste Anne................ | 2 |
| Ensemble........................ | 11 |

*Na.*—Les chemins, en général, de cette journée sont assez bons ; il n'y a que les côtes de difficiles ; elles sont roides, dures aux chevaux et trop étroites aux carrioles et calèches, qui sont les voitures les plus ordinaires pour voyager dans ce pays. On pourrait habituer les habitants à les adoucir, et à les élargir jusqu'à 20 pieds au moins.

En outre, il faut entretenir soigneusement les ponts de charpente sur les ruisseaux où il en manque. Enfin il conviendrait d'établir, aux frais du Roy, des bacs sur les rivières qui sont sujettes au flux et reflux, et qui sont d'une largeur à ne pouvoir, pour le présent, être traversées d'aucuns ponts, sauf à sa Majesté d'affermer le droit de péage qu'elle trouvera bon d'y établir, et que, dans le cas que par la suite il deviendrait onéreux au public, de l'anéantir quand elle le jugera à propos.

***

## LE 10

Même déjeuner qu'à la Pointe aux Trembles, et chevaux frais pour aller jusqu'au Cap de la Magdelaine seulement ; montés en carrioles entre 8 à 9 heures du matin, suivis un bout de toute la rivière qui traverse la seigneurie de Ste. Anne, laissés sur la droitte, l'église de cette paroisse, traversés sur la glace la rivière de Batiscan, laissés au delà aussi l'Eglise de ce nom, à droite, traversés plus loing de même sur la glace la rivière de Champlain, passés à côté de l'église de ce village qu'on laisse encore à droitte, et parvenus au Cap de la Magdelaine, où changer de chevaux sans nous y reposer, chez le Sieur Rochereau, capitaine de la côte, continués à marcher pour arriver à midi aux Trois Rivières.

*Na.*—Que Madame Marin que je conduisais est sœur de Mde Rigaud,gouverneur de cette ville ; que la sachant malade, elle voulut la voir en passant par cette ville et y dinner. J'avais le même empressement, en ayant reçu lorsque je montais l'été dernier à Montréal, un million de politesses. Mde Daine et Mr. de St. Vincent qui nous suivaient y furent attirés aussi par attachement, d'autant que ce sont des gens honorables, généreux, autant respectables par leurs façons que par la noblesse de leurs sentiments.

A la sortie du Cap de la Magdelaine, entrés dans un bois où le chemin, par parenthèse, est tracé trop près de l'escarpement de la rivière des chenaux, nommée St. Maurice ; remontés sur la rive gauche au moins une demie lieue, descendus en la ditte rivière par une rampe assez roide, cotoyés ses bords en la remontant sur la glace environ 200 toises, attendu qu'elle n'était pas gelée en dessous dans son milieu, fait sa traversée à l'endroit nommé Toutrecaut ; longés ensuitte sa rive droitte en la descendant et remontés sur les terres à peu près vis-à-vis l'endroit où l'on était descendu par une rampe encore par trop roide; entrés ensuitte dans un bois, à sa sortie traversés une petite plaine et au delà suivis le chemin qui conduit à la ditte ville des Trois Rivières ; il n'était guères qu'onze heures quand nous y arrivâmes.

Après les accueils d'une réception des plus gracieuses de la part de Mde de Rigaud, quoiqu'elle fût au lit dangereusement malade, et que son mary fût absent, on servit un diner des plus amples, en gras et en maigre. Pendant qu'on était à table, Mr. l'Intendant passa en dehors de l'enceinte de la ville sans s'arrêter ; on le salua de plusieurs coups de canon, suivant l'usage ordinaire. Après le diner, l'on passa dans la chambre de la malade, où chauffé, fait la conversation, et pris du caffé.

L'on est sorti pour monter en voiture ; il était environ deux heures après midy, traversé une partie de la ville. A sa sortie descendu dans le fleuve, remonté sa rive gauche à la distance de 100 à 120 toises des terres jusqu'à la pointe du lac St. Pierre.

De la ditte pointe fait la traversée du dit lac jusque vis-à-vis l'église d'Omachis, en laissant à droite toute la seigneurie de Tonnancour, et le débouché qui fait tourner le moulin de ce nom.

Arrivés chez Sr Capitaine de la côte, Mr. l'Intendant y prit son logement. Mr. de Lanaudière et moi fûmes demander le nôtre chez le curé, d'où rendus chez Mr. Bigot, l'on y joua, soupa à l'ordinaire, et l'on se retira de bonne heure.

***

RÉCAPITULATION DES DISTANCES D'UN ENDROIT A L'AUTRE

| | Lieues |
|---|---|
| De Ste. Anne à Batiscan | 2 |
| De Batiscan à Champlain | 1 |
| De Champlain au Cap de Magdelaine | 5 |
| Du dit Cap aux Trois Rivières | 1 |
| Des Trois Rivières à la pointe du lac St. Pierre | 3 |
| De la dite Pointe à l'Eglise d'Omachis | 4 |
| Ensemble | 16 |

*Na.*—Les chemins sont assez bons de Ste. Anne jusqu'au cap de la Magdelaine, mais on ne suit pas exactement en hivert ceux que l'on pratique en été.

L'on observe seulement, qu'en toute autre saison que l'hivert, l'on ne remonte pas si avant la rivière St. Maurice, et qu'on la traverse en canots en dessus des iles situées à son débouché dans le fleuve.

**LE 11**

Le curé d'Omachis est un bon prêtre, charitable, et donnant jusqu'à son nécessaire aux pauvres ; ce jour-là qui était un dimanche, il nous dit la messe à bonne heure. Mde. Daine y quêta et fit 21 livres. A la sortie de l'église, l'on fit se chauffer et déjeuner à l'ordinaire, après quoy l'on monta en carrioles entre 9 à 10 heures du matin ; entrés tout de suite dans le lac, fait sa traversée très au large, en laissant les paroisses du loup, de Maskinongé et le débouché des rivières de ces noms sur la droitte, rejoint la rive du nord du fleuve vis-à-vis l'isle à l'aigle, cotoyés les terres jusqu'à l'ile au Castor ; là, fait la traversée pour se rendre dans le chenal d'entre cette isle et celle à Dupas, mis à terre chez Luneau. Mr. de Barques, Mr. l'intendant y logea ; quelques uns de nous se gitèrent chez le sieur de la Fayet, capitaine des côtes, et les autres se répandirent dans les maisons circonvoisines. On estime cette traversée d'Omachis à l'isle au Castor 7 lieues.

Il n'était guères que 3 heures après midy quand nous arrivâmes. L'on songeait à manger un morceau et à jouer en attendant le souper, lorsque contre toute attente le général parut ; il venait de Montréal, était accompagné de son capitaine des gardes, de Mr. Marin Péan et Mercier, de deux gardes et d'autant de domestiques : surprises agréables, parties de jeu suspendues, forces compliments, et propos inutiles pendant un gros quart d'heure. Mde. Marin, pour lors incommodée d'une migraine, reposait sur un lit. On se figura pendant quelques instants qu'une visite aussi inattendue calmerait son incommodité, au moins c'était le sentiment de ses compagnes, mais inutilement, elle ne fit qu'augmenter, néanmoins sans qu'on s'en alarma, d'autant que ces sortes de maux n'entraînent jamais de fâcheuses suites.

Les compliments finis, on se mit à jouer, ensuitte à souper, et l'on se sépara entre 9 et 10 heures.

## LE 12

Après le déjeuner ordinaire, et les chevaux attelés aux carrioles, l'on s'y embarqua pour aller coucher à la pointe aux trembles de l'isle de Montréal.

Fait la traversée par terre de l'isle au Castor ; on l'estime large d'un grand ¼ de lieue. Descendus dans le chenal d'entre cette isle et la grande terre du nord, cotoyés cette dernière sur la glace.

Laissés à droite les seigneuries de la Rouaye, d'Autray et de la Valtrie, et à gauche, l'ile Randan, appartenant à la Seigneurie de Berthier, l'isle à Boucher et de l'Angleserie, les islets de la Valtrie et parvenus entre onze heures et midi à St. Sulpice, chez le capitaine de la côte. Sa maison est assez proche de l'Eglise. J'étais seul dans cette traversée, d'autant que le général m'avait enlevé la malade. J'allais doucement, me laissant de moments à autre dépasser par les plus pressés, en considérant qu'il y avait de la fantaisie à fatiguer bêtes et gens inutilement. Cependant, j'étais bien attelé et mes chevaux n'en pouvaient voir courir d'autres sans prendre de l'ardeur. On les contint assez longtemps, mais une carriole ayant voulu gagner la terre pour quelques besoins, ils la suivirent en courant ; mon chartier descendit de son siège pour les ramener, mais il reçut un coup de pied de celui de devant qui lui emporta toute la peau du sourcil et d'une partie du front. Heureusement que le coup ne fit qu'effleurer, sans quoi c'était un homme tué ; le sang se mit à couler abondamment et les chevaux allaient toujours. Je sortis de la carriole, d'autant qu'ils dirigeaient leurs pas vers les parties du fleuve qui n'étaient pas gelées ;

néanmoins, à force de crier, ils s'arrêtèrent. Il faisait un grand froid, du vent et il tombait de la neige, et nous étions les derniers. Après avoir joint la voiture et pansé le conducteur avec un mouchoir, on détela le cheval le plus vigoureux pour le mettre dans les menoires, et nous nous remîmes en route dans la confiance que l'autre cheval suivrait, mais il se rendit à terre, où il fut saisi par le premier habitant.

*Na.*—Les carrioles attelées d'un cheval se conduisent à l'instar de nos calèches en France, mais quand on y en met deux, le second se trouve en avant de l'autre, contenu entre deux traits seulement, de manière qu'il marche suivant sa fantaisie, qu'on ne le ramène au chemin qu'il faut tenir que suivant le mouvement du cheval qui le suit. Cette façon est au rebours de celle d'Europe, où les chevaux de devant dirigent la marche de ceux de derrière. Après avoir déjeuné, reposé et pris des chevaux frais, on remonte en carrioles. Suivis toujours la rive du nord du fleuve, passés devant l'Église de Repentigny. Vus les isles de ce nom sur la gauche, traversés au delà de la rivière des prairies, et arrivés en suivant les terres de l'isle de Montréal à la pointe aux Trembles chez le Sr. Lenoir, capitaine de la côte : tous nos logements y étaient marqués, comme en un quartier général. L'intendant logeq chez le dit Lenoir, le général chez le curé, et toute leur suitte, accrüe de Mr. Rigaud, de 4 à 5 personnes de Montréal, était répandue dans la maison du fort. Mr. Rigaud et moy tombâmes chez un charpentier, par parenthèse, assez mal.

*Na*—On appelle le fort d'un village, un espace contourné d'une enceinte de pieux, en laquelle sont renfermées l'église et un nombre de maisons serrées les unes aux autres et allignées par des rues comme dans une ville.

*Na.*—Il y a une ordonnance du Roy qui deffend de bâtir sur un terrein moins d'un arpent et demie de front en rue sur 30 à 40 de profondeur, affin d'augmenter la culture des terres avec la permission néanmoins d'établir maison sur toute autre, de telle capacité que ce puisse être, dans les faubourgs des villes, des forts des sauvages. Cette dernière restriction demande une explication.

RÉCAPITULATION DES DISTANCES D'UN ENDROIT A L'AUTRE

| | Lieues |
|---|---|
| Traversée de l'isle au Castor.......... ............... | ¼ |
| traversée du chenal jusque vis-à-vis l'église de Berthier............................................... | ¾ |
| de Berthier à d'Autray........... ..................... | 2 |
| de d'Autray à la Rouaye.............................. | 1 |
| de la Rouaye à la Valtrie............................. | 2 |
| de la Valtrie à St. Sulpice............................ | 2 |
| de St. Sulpice à Repentigny......................... | 2 |
| de Repentigny à la pointe aux Trembles.......... | 2 |
| Ensemble.............................. | 12 |

Après qu'on eût reconnu son gîte, qu'on se fût chauffé et reposé, on se rendit dans la maison affectée pour y rassembler tout le monde. A cet effet, de plusieurs chambres, on n'en avait fait qu'une en démontant la cloison faite en madriers seulement qui la séparait ; y joué beaucoup, même le pharaon, et soupé grandement. Après quoi l'on se retira un peu plus tard qu'à l'ordinaire.

## LE 13

Déjeunés à l'ordinaire, faits des visites chez les dames et les généraux, dînés ensuitte et montés en voitures à 2 heures après midi.

Entrés dans le fleuve et cotoyés sa rive gauche sur la glace jusqu'à l'église de la longue pointe, où, montés sur les terres, suivis le chemin ordinaire, et entrés à Montréal par la porte de Beauharnois.

RÉCAPITULATION DES DISTANCES D'UN ENDROIT A UN AUTRE

| | Lieues |
|---|---|
| De la Pointe aux Trembles à la Longue Pointe... | 2 |
| De la Longue Pointe à Montréal..................... | 2 |
| Ensemble.............................. | 4 |

Arrivés tous à l'intendance où le logement était retenu pour toutes les dames, à l'exception de Mde. Marin, pour Mr. Franquet et St. Vincent séparément, pour Mr. Pean et Repentigny avec leurs femmes, et Mr. le Mercier et Méloïse ensemble; d'où après s'être chauffés, reposés et décrassés, on se rendit au chateau où le général avait invité toute la compagnie à souper.

*Na.*—On nomme le château la maison que le Roy loue, à son compte, pour loger le général de la colonie.

RÉCAPITULATION DES JOURNÉES

| | Lieues |
|---|---|
| le 8....................................... | 8 |
| le 9....................................... | 11 |
| le 10....................................... | 16 |
| le 11....................................... | 7 |
| le 12....................................... | 12 |
| le 13....................................... | 4 |
| Ensemble...... ........ | 58 |

*Na.*—On ne compte que 57 lieues de Québec à Montréal, en allant par le chemin ordinaire; mais en passant par Lorette, il s'en trouve 58.

Fait à Montréal le 14 Fevrier 1753.

FRANQUÉ.

# CANADA, 1753

**Voyage par terre de Québec à la Pointe aux Trembles, de la paroisse de Neuville, avec Mr. l'Intendant pour accompagner Mr. le Général dans son voyage à Montréal.**

Il est d'usage et de nécessité que le général de la colonie monte à Montréal dans le courant de Janvier, et ne s'en revienne à Québec que dans le mois d'Août. Entr'autres affaires qui l'y attirent, les principales sont :

—Pour nommer et faire choix des officiers capables de commander dans les postes du Roy, établis dans les pays d'en haut.

—Pour déterminer le nombre des soldats dont les détachements doivent être composés.

—Pour régler les voitures nécessaires à leur trans port, ainsi que les vivres dont il faut qu'ils soient pourvus, eu égard au temps qu'on estime qu'ils doivent être en route pour se rendre à leurs destinations.

—Pour munir ces mêmes postes de tout ce qui est nécessaire à leur subsistance et à leur deffense, pendant un an.

—Pour délivrer des congés, à ceux des commerçants qui s'y présentent, d'y passer pour y faire la traite.

—Pour arrêter et ordonner le nombre d'engagés pour le service des négociants, et d'autres à l'utilité du service du Roy, affin de pouvoir constater tous les ans un état juste des habitants qui sortent de la colonie.

—Pour recevoir les députés des nations sauvages qui y viennent tous les ans apporter des présents, en recevoir de la part du Roy, faire des représentations pour ou contre nos possessions parmi elles, et donner des colliers pour la sûreté des engagements qu'ils prennent avec nous.

On expliquera dans un mémoire particulier le nombre et la position des postes où le Roy tient des troupes, distinguées d'avec d'autres affectées au commerce, le traitement des officiers dans les premiers, les obligations de sa Majesté pour les présents, les sujétions auxquelles sont tenus les commerçants dans les autres, et comment s'acquièrent les congés ; ce détail est trop long pour le constater icy ; il ferait perdre de vue l'objet qu'on a dessein de traiter.

[illegible] général ayant fixé au 14 de Janvier son départ [illegible] [illegible]ébec, M. l'intendant s'offrit poliment de l'accompagner jusqu'à la pointe aux trembles, de lui donner à souper le même jour, et à déjeuner le lendemain ; à quoi consenti. L'on partit à 9 heures du matin.

Le général, en pareil cas, ayant coutume d'être accompagné de plusieurs officiers pour la décence de son état, M. Duquesne avait nommé :

Messieurs,

| | |
|---|---|
| Vergor<br>St. Ours<br>La Martinière<br>Marin<br>Péan | Capitaines |
| St. Laurent<br>Le Chevalier<br>De la Roche<br>et LeMercier | Lieutenants |

*Na.*—L'on pourrait considérer cet arrangement à l'instar de la liste que fait le Roy pour les Seigneurs de la Cour, qui doivent être du voyage de Marly.

La même considération subsisterait pour l'état de Mr. Bigot, intendant ; elle s'étendit à comprendre à sa suitte, Mesdames :

Péan
Lotbinière
Marin
de Repentigny
et du Linon

Mess.

Franquet, inspecteur des fortifications envoyé de France.

| | |
|---|---|
| St. Vincent<br>Dumont<br>Lanaudière | Capitaines |
| Repentigny | Lieutenant |

Tout ce monde s'embarqua à 10hrs. du matin, deux à deux, dans des carrioles trainées par un ou deux chevaux, de la fantaisie d'un chacun, et partit par un temps les plus durs de l'hivert : il gelait vivement, il faisait une poudrerie et un vent du sud ouest qui désolait tous les voituriers.

Sortis par la porte St. Louis, au bruit d'une salve de coups de canon, suivis le chemin qui conduit à Ste. Foye, seigneurie appartenant aux Jésuittes de cette ville. Il laisse à gauche l'église de cette paroisse, parvient au sommet du Cap Rouge où il est pratiqué tout le long des talus de face à la rivière de ce nom. On peut le considérer bon et plat depuis la ville jusqu'à cet endroit, mais il devient serré et étranglé, notamment au coude qu'il forme à la rencontre du dit talus ; néanmoins, comme les deux cotés sont boisés, en cas qu'on versât vers celui du penchant, les carrioles seraient retenues par les arbres.

Au bas du dit cap, traversé la ditte rivière sur la glace ; il y a un passage, établi à la rive gauche ; il sert en été à passer les gens de pied sur un canot, et à conduire à la nâge ou à gué les chevaux, suivant comme la marée est haute ou basse.

Au delà de cette rivière, montés sur les terres de la rive droite, par une rampe assez roide, de là jusqu'au moulin de St. Augustin. Le chemin est un peu montagneux, et pour descendre au dit moulin, il est vide, étroit, pratiqué le long d'une côte de face au fleuve.

Au bas de cette côte, passés sous l'aqueduc des eaux qui font tourner le dit moulin. Cet aqueduc est en bois, porté sur des chevalets, et cette seigneurie et le moulin appartiennent aux pauvres de l'Hotel Dieu de cette ville.

Au delà du dit moulin, entré dans le fleuve. Comme il était pris fortement de la gelée, on le suivit pendant un gros quart d'heure à la distance de 80 à 100 toises des terres jusqu'à l'église du nom de ce moulin ; là, repris le chemin ordinaire sur les terres. Il conduit à la côte à Dubôt où il était si forcé par la neige qui le retrécissait, qu'il fallut que les voituriers s'aidassent réciproquement pour y passer les carrioles l'une après l'autre.

Au de[illegible] traversé une campagne assez montagneuse jusqu'à la côte à Doré, aussi peu pratiquable aux voitures en hivert que la précédente.

Parvenus au sommet de cette dernière côte, le chemin au delà traverse quelques montées et quelques descentes, laissés des maisons à droitte et à gauche, et il conduit de la ditte pointe aux Trembles de la Seigneurie de Neuville appartenant à Mr. de Meloïse.

*Na.*—Le chemin dans la partie du fleuve que l'on traverse sur la glace est raboteux par la quantité de bourguignons qui s'y amassent. On nomme tels des glaçons que le vent et les courants déposent le long de terre, et la quantité que les eaux charrient fait qu'ils s'étendent assez au large ; au reste, le fleuve n'était pas pris totalement, mais seulement le long de ses bords comme on l'a dit.

En général, le chemin de la ville à la ditte pointe aux Trembles est bon ; il laisse toujours le fleuve sur la gauche ; il est vrai qu'il faut souvent monter et descendre, mais à peu de frais, on pourrait le rendre praticable, sans risque en tous temps ; d'ailleurs, il était balisé dans toute son étendue, même sur la glace, sujétion à laquelle sont tenus les habitants, chacun vis-à-vis les terreins qui lui appartiennent ; en outre au temps de neige, ils sont obligés de les faire : c'est proprement déterminer son assiette, de le battre avec des traineaux et de l'affermir. Sans cette précaution, il ne serait pas possible de voyager dans ce pays.

Parvenus à la ditte Pointe aux Trembles, descendus chez les sœurs de la Congrégation. Elles n'y sont que 2 ; la maison est assez grande. Le général s'y fixa et chacun se retourna pour retrouver un logement. J'arrêtai le mien chez Mr. le curé ; Mr. l'intendant vint y coucher aussi ; de manière que sa cuisine établie chez les dites sœurs, on s'y rendit à 5 heures, l'on y joua, soupa, et avant 10 heures chacun avait rejoint son lit.

A notre arrivée chez les dittes sœurs était une garde de 20 à 25 hommes de la milice de la côte, qui se mit en haye, à la descente du général. Elle y passa la nuit et ne se retira que le lendemain après son départ.

Le général partit le 15 à 9 hrs. du matin avec les officiers qui l'accompagnaient ; il était suivi de Mr. Duchesnay, son capitaine des gardes, de son secré taire nommé Merelles, de ses domestiques, de deux gardes et précédés de 5 à 6 carrioles pour battre les chemins. Après son départ, Mr. l'intendant fût le remplacer, et proposa à toute la compagnie d'y passer la journée, ajoutant que son maître d'hotel s'était précautionné de vivres à cet effet, et que le lendemain, on partirait après le diner ; à quoi consenti. L'on y joua beaucoup et l'on y fut servi avec la même propreté et les mêmes attentions de sa part qu'à Québec. Le 16, après avoir diné, remontés en voitures sur les deux heures après midy, suivis le chemin que l'on avait tenu en venant ; le temps était beau et clair. L'on ne s'arreta seulement que chez le passager du cap Rouge, pour y chauffer les dames qui souffraient du froid. Ce passager, par parenthèse, et sa femme encore jeune, ont 12 enfants, dont 7 filles et 5 garçons, tous bien portants.

Arrivés à la ville à 5 heures du soir, descendus chez Mde. Péan, où, soupés grandement, l'on ne se sépara qu'à dix heures du soir.

Tous les frais des voitures et autres sont aux dépens du Roy. Ils doivent être considérables, d'autant que les carrioles à deux personnes sont traînées par deux chevaux, qu'il y a 57 lieues de Québec à Montréal, et que l'on paye 20 sols par lieue pour un cheval ; il n'y a que les traîneaux pour les équipages et les carrioles à une personne qui soient attelés d'un seul cheval. Le prix de chacune journée de conducteur comprise, est de 70 à 75 frs. pour ce voyage. Indépendamment de ces dépenses, en sont d'autres, comme les journées du grand Voyer qui devance le général de quelques jours pour l'arrangement des chemins. Il est payé à raison de 7 à 10 frs. l'heure, et s'il est obligé à quelques frais extraordinaires, on y a égard suivant l'état qu'il présente. D'ailleurs, pour plus grande sureté des chemins en hivert, tant sur la glace que sur la terre, les habitants des côtes sont obligés de les passer avec un nombre de carrioles ; plus il s'en trouve plus on est content d'eux ; d'autant que c'est une marque de leur attachement et de leur affection au général. Enfin l'on peut dire que lorsqu'il est en marche, toutes les côtes sont en mouvement, et aux endroits où l'on désigne les relais, il faut que le nombre de chevaux demandés s'y trouve ; sans quoi, punition de prison, ainsi qu'elle s'est ensuivie à plusieurs défaillants qui ne s'y étaient point rendus, dans la confiance que le temps étant par trop dur et trop mauvais, le général ne marcherait point. On n'épargne rien dans ce pays, quand les chefs de la colonie méditent quelques voyages ou quelques mouvements. Tout se paye largement, et comme ils sont dépositaires des fonds, on ne ménage point les dépenses ; il n'y a qu'à juger de toutes autres, en général, par celle d'un voyage de cette nature. Tout le monde est voituré aux dépens du roi : maitres, domestiques, sont défrayés, et la nourriture s'étend jusque sur les voituriers. Il arrive de là qu'on ne peut détacher un officier pour le bien du service, sans le payer grassement, encore le plus souvent n'est-il pas content, et qu'on peut dire que rien ne se fait ici qu'à force d'argent. Il y a bien des moyens à proposer pour modérer ces sortes de dépenses, mais à moins que la cour ne les ordonne rigoureusement, on ne s'y conformera point.

A mon avis, ce serait :

1° Que les chefs de la colonie ne sortissent de leur résidence que pour le besoin et l'utilité du service.

2° Que pour la décence de leur état, on leur accorda quatre carrioles attelées à deux chevaux chacune, pour eux, leur secrétaire, capitaine des gardes et domestiques, et six traînées d'un cheval chacune, pour porter leurs équipages, lorsqu'ils se trouveraient dans le cas de découcher.

3° Que les gîtes pour maîtres chez les habitants fussent payés 30 sols par nuit, 15 pour les domestiques, et que la nourriture fût à leurs dépens.

4° Que pour ne pas surcharger les habitants de corvées, on limita le nombre des carrioles en hivert qui précéderaient ces Mrs. dans les voyages ; qu'on supprima la garde de la milice ; qu'on établit les chemins aux frais du Roy jusqu'à 20 pieds de largeur, que toutes les côtes fussent arrangées sur ce pied ; que les habitants fussent ensuitte tenus de les entretenir à la diligence du capitaine des côtes. Pour lors, les frais de voyage du grand Voyer seraient supprimés. L'habitant ne serait point détourné avec confusion, comme il l'est aujourd'hui, et il y aurait plus d'ordre et d'arrangement dans tous les mouvements et courses quelconques.

Arrivés à 3½ à la Pointe aux Trembles. On estime à 7 lieues la distance de la ville, de manière qu'on fit ce chemin en 5 heures ½ de temps.

Fait à Québec, le 20 janvier 1753.

FRANQUÉ.

***

PREMIER SÉJOUR A MONTRÉAL, DEPUIS LE 13 FÉVRIER JUSQU'AU 26.

Le lendemain de notre arrivée à Montréal et jours suivants, fais des visites de bienséance chez les Dames, chez les officiers, et généralement chez tout le beau monde de cette ville, et toujours rabbattu à l'intendance pour y dîner et passer les soirées. Mr. Bigot est homme fort honorable, d'une attention pour tout le monde dont peu de gens sont capables. Quoique d'une santé fort délicate, il aime le plaisir, n'est jamais si content que quand il peut obliger. Il avait tous les jours 18 à 20 couverts, soir et matin, mettait six fois la nappe contre le général, une, et il n'aurait cessé d'avoir des dames de la ville à manger et de les couler toutes à fond, si le général, dont le dessein était de n'en faire aucune, ne l'eut engagé de s'en dispenser. Il souscrivit malgré lui à cet arrangement. Les dames n'en étaient pas plus contentes; aussi y avait-il tous les jours nouveaux brocards répandus dans le public ; elles étaient d'autant plus animées que le général à son arrivée fit connaître qu'il n'irait rendre visite qu'à celles des capitaines. Une conduite aussi nouvelle pour la colonie indisposa tout le monde. Monsieur l'intendant n'était pour rien dans tous les propos ; il y avait tous les jours assemblée chez lui ; les dames venues avec lui de Québec suffisent pour y attirer beaucoup de monde ;

d'ailleurs, comme tous les gens d'un certain ordre sont liés de parenté et d'amitié dans ce pays, il en venait quelques unes de la ville de temps en temps au palais, mais on ne les y retenait à souper, qu'autant qu'elles y avaient passé la soirée. Tel était l'état des plaisirs de la société, quand tout à coup le général, dont le projet était, en partant de Québec, de visiter les forts du roy et les villages sauvages à portée de Montréal, proposa un voyage au lac des deux montagnes pour y voir les sauvages et les y donner un festin. Mr. l'intendant et sa compagnie y ayant souscrit, le jour du départ fut fixé au 27 février. Aussitôt que Mr. Normand, supérieur des prêtres Sulpiciens qui sont les seigneurs de l'endroit et les missionnaires, en fut informé, il pria le général qu'il trouvât bon qu'il eut l'honneur de l'accompagner et l'y régaler, et tout le monde qu'il jugerait à propos d'y conduire pendant tout le temps qu'il se proposait y rester ; à quoi consenti. Mr. le général fit partir en avance toute sa cuisine qu'il prêtait à MM. les Sulpiciens, et au jour fixé, tous les convives s'assemblèrent au palais ; on y prit du thé, du caffé, du chocolat, en un mot tout ce qu'on voulut, après quoi l'on monta en carrioles. Il y en avait au moins 20 à 25 pour les maîtres, et une douzaine pour les domestiques de manière que c'était un train qui ne finissait point.

VOYAGE PAR TERRE ET SUR LES GLACES AU VILLAGE SAUVAGE DU LAC DES DEUX MONTAGNES

## LE 27 FÉVRIER

Sortis de Montréal dans la même voiture avec Mr. Rigaud, par la porte des Récollets, traversés au dehors le faux bourg, au delà une campagne par un chemin tracé et balisé sur les terres, plus loing sur la glace un lac d'un demi quart de lieue de longueur, ensuitte un bois fort clair et parvenus sur les bords du fleuve St. Laurent, environ à 200 toises au delà de l'Eglise du village de Lachine.

Entrés sur le fleuve, cotoyés toujours les terres de sa rive gauche, traversés la grande anse du lac St. Louis de pointe en pointe, mis à terre à celle de Ste. Claire chez le curé de la paroisse de ce nom, y chauffés, déjeunés amplement, et pris des chevaux frais pour aller plus loing.

*Na.*—On trouva en descendant chez le curé beaucoup de monde des environs, que la curiosité de connaître Mr. le Général et Mr. l'Intendant y avait attirés, et le beau sexe n'était pas moins privilégié dans ce pays qu'en Europe ; 5 à 6 filles de 15 à 16 ans étaient dans la chambre. Comme elles étaient jolies, plusieurs de nous tendirent leurs politesses jusqu'à les embrasser, mais notre surprise à tous fut générale de sentir que ces enfants nous prenaient la tête, l'assujettissaient entre leurs mains et appliquaient un baiser, et où ? sur la bouche. Nos dames canadiennes nous assurèrent que c'était l'usage parmi les habitants de la campagne. A quoi répondu : c'est apparemment une suite de l'éducation..............................

Après le déjeuner, remontés en carrioles, suivis toujours la routte frayée sur la glace à portée des terres, laissés l'isle Pérot à gauche, continués à marcher le long de celle de Montréal jusqu'à 200 toises en deçà du château de Senneville situé à la pointe de l'ouest ; là, fais la traversée du lac des deux montagnes et arrivé au village sauvage de ce nom.

*Na.*--Que tout ce chemin sur la glace était balisé, mais plus régulièrement sur le dit lac que sur les autres parties du fleuve.

Descendus chez les prêtres Sulpiciens ; le temps toute la journée avait été dur, par un froid des plus vifs et par une poudrerie autant à charge aux chevaux qu'à ceux qui les conduisaient ; après s'être chauffé, chacun fut reconnaître son logement ; ils étaient tous marqués chez les Français. Deux de nos messieurs seulement prirent le leur chez un sauvage nommé Abraham. Le général resta chez les prêtres ; l'intendant fut trouvé le sien chez un négociant nommé St. Germain, et M. Rigaud et moi eusmes le nôtre chez le Sieur la Deroute, l'un des derniers frères charrons qui quittèrent l'hopital de Montréal pour se marier.

Après nous être délassés et chauffés chez les prêtres, y joués au pharaon, et soupés grandement, mais trop à l'étroit et mal à l'aise, et avec beaucoup de confusion. On était au moins 40 maîtres dans deux petites chambres, de manière que les domestiques y étant, on ne pouvait s'y retourner.

Après le souper, les uns se retirèrent chez leurs hôtes, et d'autres reprirent le jeu. M. Rigaud et moi fûmes du nombre des premiers, mais à peine étions nous couchés, que Mr. de St. Vincent vint nous demander azile, de manière que compris le maître, la maîtresse du logis, un petit garçon et quatre domestiques, nous étions 10 personnes, dans une chambre plus petite que grande.

## LE 28

A la sortie de chez le dit Laderoute, visités le général et l'intendant, et nos dames de Québec, ensuitte madame Benoist femme de l'officier commandant en ce village. Le général ne se portait pas bien ; il tint néanmoins ce jour là un conseil sauvage Iroquois. Après plusieurs compliments autant à charge qu'ennuyants de la part de cette nation, il leur créa un chef, et il distribua des médailles à trois autres ; ensuitte, ils furent manger deux bœufs qu'il leur avait fait donner pour festin. Il y avait pour lors, dans le lieu une vingtaine d'Iroquois, du village de la Présentation, que Mr. Piquet, l'un des prêtres Sulpiciens, dessert à titre de missionnaire et d'aumonier du fort nommé la Galette ; ils prirent part à la fête. Après le Conseil, il fut signifié à toute la belle compagnie que les cuisiniers ne pouvaient fournir deux fois le jour, qu'ainsi l'on ne dinerait qu'à 5 heures du soir ; en attendant, l'on se mit à jouer, l'on continua après la table, et chacun se retira plus ou moins tard. De retour chez mon hôte, il fallut encore essuyer la bordée de la nuit, d'autant que, quoique chacun se fût deffendu de crier et de ronfler, il n'y eut point d'adoucissement à mes maux ; aussi offris-je à

Dieu toutes mes souffrances avec bien de la résignation et de la patience.

Ce jour là, au matin, notre hôte me raconta avant de sortir de la maison, qu'il transpirait un bruit tendant à expulser tous les habitants du village, pour les obliger à retourner à la terre de Vaudreuil, d'où ils étaient sortis, et reprendre la culture des terres, que même on voulut que ce fût avant le premier du May, et que d'ailleurs, il n'était pas moins question que les maisons qu'ils avaient fait bâtir demeureraient au profit des prêtres Sulpiciens. Cet exposé m'ayant été confirmé par le capitaine de la côte, je le saisis pour en parler au général.

Voici comment je lui représentai le fait :

« Il y eut un ordre de Mr. de Beauharnois, général de la colonie pendant la dernière guerre, aux habitants de la seigneurie de Vaudreuil de faire piquets pour la construction du fort ordonné dans le village du lac pour la sureté des sauvages : ils les fournirent en quantité suffisante, et ils demandèrent que, comme ils se trouvaient chez eux, épars et exposés à la rigueur des ennemis, qu'il leur fut permis de résider au dit lac, sous la protection du dit fort, à quoi consenti ; en conséquence, la plupart de ceux qui s'y trouvent aujourd'hui y ont fait bâtir des maisons plus ou moins grandes, sur des terrains à la vérité que les prêtres leur ont accordés, et cela de bonne volonté de part et d'autres, sans le moindre écrit ni le moindre engagement. Ils sont dans ce lieu depuis 6, 7 et 8 ans, les uns plus, les autres moins ; à peine s'y trouvèrent-ils placés, qu'ils virent ce qu'il y avait lieu de trafiquer avec les sauvages ; ils se pourvurent à cet effet de marchandises qu'ils leur vendaient en troc de pelleteries ; ce commerce a subsisté jusqu'aujourd'hui sans le moindre empêchement ; mais puisqu'on veut l'interrompre en les obligeant à reprendre leurs anciennes habitations, ils représentent qu'au moins ce ne fût que dans le mois de 8bre. prochain, attendu qu'ils avaient fait des avances aux algonkins et aux nipissingues qui étaient en chasse, et que s'ils n'attendaient leur retour sur les lieux pour être payés, ils courraient risque de les perdre.

« En outre, leur établissement s'étant fait de bonne foi et de bonne volonté, ils supplient de considérer qu'il n'était pas juste que leurs maisons restassent au profit du séminaire, mais bien qu'il leur fût permis de les vendre ou de les démolir, sauf à payer une reconnaissance par année, tel qu'on jugera convenable, pour les terrains qu'ils ont occupés depuis qu'ils sont résidents en ce lieu. »

Le général ayant saisi la justice que demandait le rapport que je lui faisais, me dit qu'il consentait à tout, ce que les Français, établis en ce village, n'en sortissent pour retourner à leur seigneurie de Vaudreuil qu'à la fin d'Aoust, et qu'il ordonnait des arrangements pour leurs bâtisses ; il m'ajouta ensuitte qu'il avait accordé à Mr. Deschambeaux, directeur de la compagnie des Indes pour le castor à Montréal, le privilège exclusif de débiter des marchandises en ce lieu, et que, comme il savait que j'y prenais intérêt, j'apprendrais seulement cette nouvelle avec plaisir ; je le remerciay du succès de ma négociation.

## LE 29

Après avoir pris congé de mon hôte, nous nous rendîmes chez le général, où déjeunés légèrement quoiqu'il y eut beaucoup à manger en viandes froides ; et ensuitte montés en carrioles par un temps aussi mauvais que celui du jour de notre arrivée ; repris la route que nous avions tenue en venant, changés encore de chevaux à la pointe Claire, y mangés un morceau, toujours chez le curé, remontés en carrioles pour nous rendre à Montréal, y arrivés entre 3 à 4 heures de l'après midy.

***

RÉCAPITULATION DES DISTANCES D'UN ENDROIT A L'AUTRE

| | Lieues |
|---|---|
| De Montréal à la Chine.............................. | 3 |
| De la Chine à la Pointe Claire........................ | 3 |
| De la Pointe Claire au chateau de Senneville... | 2 |
| Du dit château au village du Lac. ................ | 2 |
| Ensemble................. | 10 |

On n'a guères pu considérer ce voyage à titre de plaisir, mais bien comme une corvée fort à charge : malaise, mauvais tourments, froid excessif, fatigues de la carriole, tout contribuait à le trouver tel ; d'ailleurs, je n'y ai entrevu aucun objet de service qui engagea le roi dans une dépense de cette nature, d'autant que toutes les voitures, pour domestiques, et tous les logements ont été payés aux dépens de sa Majesté.

***

RÉFLEXIONS SUR LES MARCHANDS DANS LES CÔTES

Il est évident que plus les marchandises de quelque espèce qu'elles puissent être, sont abondantes, et qu'il y a une concurrence pour les débiter, moins elles sont chères. Cette raison suffirait pour soutenir l'établissement des magasins et des marchands forains dans les côtes en ce pays ; mais on observe que les habitants de la campagne trouvant à leur portée leurs besoins, ne se pressent point de venir en ville pour y vendre leurs denrées.

Que les enfants témoins des profits que font les marchands, préfèrent ce métier à celui de cultiver la terre, qu'ils volent même chez leur père et mènent du grain et autres denrées qu'ils vendent pour avoir des colifichets propres à satisfaire leur petite vanité.

Que les marchands des villes étant sujets aux droits imposés pour la dépense des logements des gens de guerre, pour leur chauffage et la fourniture de l'eau dans les cazernes, voyant avec peine leur commerce diminué et envahi par des étrangers qui sont exempts de toutes charges, et même de la milice sous prétexte qu'ils sont ambulants et maîtres de se fixer nulle part.

D'ailleurs, il arrive que les marchands des côtes acceptent des habitants des campagnes toutes les denrées, et qu'en étant munies, ils en forment des magasins qu'ils débitent en ville à des prix exorbitants, ou font sortir de la colonie furtivement, ou selon le plus ou moins de facilité qu'ils ont d'en obtenir la permission; que de là est augmentée la cherté de toute chose, et que la disette est à la veille de s'en suivre. On ne saurait disconvenir que le comestible ne soit monté au double et triple de sa valeur depuis 1750, et cela le dirai-je ? pour avoir, sous prétexte de service, favorisé la sortie des grains, quoiqu'en apparence, on fit des menaces rigoureuses pour les deffendre.

Pour remedier aux malheurs dont cette colonie est menacée, mon avis serait :

1° d'empêcher l'établissement des magasins quelconques dans les côtes et de n'y souffrir des marchands qu'à titre de colporteur pour fournir seulement aux petits besoins des habitants.

2° Que les entrepreneurs de la fourniture du pain et du lard aux troupes, ne pussent faire des approvisionnements en sus de ceux qu'exige la subsistance de la garnison.

3° Que sous prétexte de porter des vivres à la Baie Verte, à Beauséjour, et tout autre poste du Roy, on prit des mesures si justes qu'on fut assuré qu'il n'en passera pas ailleurs.

4° Qu'il fut deffendu aux habitants des villes d'aller acheter des denrées dans les campagnes, et d'en faire des amas, sous peine de confiscation et d'être traités comme monopoleurs.

5° Et enfin, que sous quelque prétexte que ce puisse être, on ne laissera sortir de la colonie que les vivres nécessaires au besoin du service, à peine contre contrevenances de châtiments effectifs.

***

## SECOND SÉJOUR A MONTRÉAL DEPUIS LE 30 FÉVRIER JUSQU'AU 7 MARS

Il me serait bien difficile du temps que j'ai employé en cette ville, logé aussi agréablement que je l'étais, je ne pouvais trop me soustraire au plaisir, d'ailleurs aucun objet de rapport à mon métier ne m'y occupait. Je proposai cependant aux chefs de la colonie de visiter un emplacement, le plus propre à mon avis pour y placer les casernes projettées dans le mémoire sur cette ville, mais inutilement, l'un des jours l'on était affairé, et dans d'autres il faisait trop mauvais pour sortir; enfin on ne put trouver l'instant d'y aller. Je pris le parti de n'en plus parler. J'offris ensuite de donner connaissance du mémoire que j'avais formé sur tous les postes et villages sauvages situés en deçà des pays d'en haut, à quoi consenti. Monsieur le général fixa jour pour cela; je le lui lus en entier, mais, si à la hâte, parcequ'il était pressé, qu'il ne put en avoir saisi qu'une idée imparfaite, d'autant que, comme il est accompagné de plusieurs plans, l'examen d'un seul, pour bien comprendre son utilité, et ce qu'on y propose, demanderait une demie heure d'attention au moins.—La lecture finie, il se contenta de lever mon travail et de m'en demander copie, et même d'ajouter que pour m'en épargner la peine, il le ferait transcrire par un négociant de la ville; ce parti ne m'ayant point paru prudent, je crus ne devoir m'y prêter, d'autant que, quoique mon travail ne traita que du bien et de la sûreté du pays en général, il y a des endroits qui font mention de quelques intérêts particuliers, et qui répandus dans le public, il s'en serait ensuivie des raisonnements plus ou moins hazardés; je résistai donc en disant que j'en chargerais mon dessinateur. Reste à savoir si le temps que je demeurerai dans la colonie et les affaires qui me restent à traiter, lui en donneront le loisir. Je proposai ensuite à Mr. Bigot d'en prendre inspection, mais surchargé d'affaires, il la remit à son retour à Québec, de sorte que n'étant point occupé comme je l'ai dit de rien qui eut rapport à mon métier; il y avait soir et matin grande chère et beaucoup de jeu et grande assemblée, enfin l'on pourait dire comme Lafontaine, c'était toujours les mêmes notes et pareils entretiens.

Le lendemain de notre retour du lac, Mr. l'Intendant sentant sa présence nécessaire en cette ville, saisit le dessein de ne repasser à Québec qu'à l'ouverture de la navigation sur le fleuve. Toutes les dames en étant informées souscrivirent de grand cœur à ses dites dispositions ; elles y engagèrent même quelques uns des cavaliers qui avaient monté avec lui, mais moi je le priai de trouver bon que je descendisse. Ce ne fut pas sans beaucoup d'instances pour me retenir qu'enfin, il consentit que je repasserais.

Les jours gras venus, il y eut le dimanche une bénédiction de trois drapeaux, dont on voulut décorer la milice du parti destiné pour la belle rivière, où tout le monde fut invité. On rabattit de l'église chez le général ; y diné et soupé grandement ; le lundi et le mardi suivant on les passa au palais. Il y eut beaucoup de jeux, de commerce et de hazard, et 40 couverts tous les soirs ; on y reçut les masques qui apportèrent des momons. On fit face à tout ce qui fut présenté de leur part.

Le jour des Cendres, fais mes adieux chez l'état major, pris congé du général, et arrangé notre voyage avec Mr. Rigaud, lui pour s'en retourner aux Trois Rivières, et moi à Québec ; et convenus que comme c'était le même chemin à tenir, nous partirions ensemble et en même voiture avec son valet seulement ; je pris des arrangements pour renvoyer le mien par des carrioles d'habitants, mais quoique nous nous fussions proposés d'aller en voiture, nous ne pûmes refuser aux instances de Mr. le chevalier de la Corne, de passer à Terrebonne, seigneurie appartenante à Mr. son frère, d'y dîner et d'aller souper chez Mde. Lamothe, marchande résidente en celle de Lachenaye, située à une lieue au dessous de l'autre.

**LE 8**

La carriole attelée et Mr. Rigaud rendu à l'intendance, nous nous mîmes en marche en suivant Mr. de la Corne et Marin qui nous conduisaient ; sorti par la porte de St. Laurent, traversés le faux bourg de ce nom, ensuitte une plaine, plus loing un bois clair, au delà une campagne, et arrivés sur les bords de la rivière des prairies vis-à-vis l'église de St. Vincent de Paul, situé en l'isle Jésus.

*Na.*—On estime la traversée de l'ile de Montréal trois lieues à trois lieues et demie ; les chemins y sont beaux, et les terres propres à toutes sortes de productions. On y voit quantité d'habitations éparses çà et là, dépendantes des paroisses voisines.

Descendus la ditte rivière sur la glace pendant au moins une demie lieue en cotoyant toujours les bords de l'isle Jésus, montés ensuitte les terres à l'endroit d'une habitation du nom de la Belle, traversés ensuitte la dite isle, parvenus sur les bords de la rivière de son nom qui la sépare d'avec la grande terre, obligés de remonter sa rive droite un quart de lieue pour trouver un endroit propre à y descendre, fait sa traversée sur la glace, et arrivés à l'habitation de Mr. de la Corne ; il nous y attendait avec un bon diner et les façons du monde les plus aimables et les plus prévenantes ; après le repas, raisonné sur la seigneurie, visité un moulin à farine et trois tournants qu'il y a fait construire et deux autres à scie. Cet établissement a dû coûter beaucoup ; aussi augmente-t-il considérablement le revenu de la terre. On le fait monter en totalité, bon ou mal an à 12000 frcs.

*Na.*—Cette seigneurie est extrêmement étendue ; les terres y sont bonnes, le pays y est plat : de là pour aller au village du lac des deux Montagnes, il n'y a qu'à suivre les bords de la grande terre ; on estime 7 lieues d'un endroit à un autre : et la traversée de l'isle Jésus une lieue, y compris le passage de la rivière de ce nom, partant, de Montréal et Terrebonne entre 4 lieues et demie à cinq lieues.

Après avoir discourus sur le pays qui est un des meilleurs de la colonie avec Mr. son frère, nous proposâmes d'aller coucher à la Chenaye, seigneurie avec église située à une lieue ½ au dessous ; fait le chemin totalement sur la rivière ; descendus chez Mde. Lamothe, marchande, y reçus au mieux, bien à souper et encore mieux à coucher, y servi proprement ; passés la nuit fort à notre aise, dans des lits propres de façon à la duchesse, et montés en voitures le lendemain entre 6 à 7 heures du matin.

*Na.*—Par le détail de l'ameublement de cette maison, l'on doit juger que l'habitant des campagnes est trop à son aise, et que ce serait faire le bien de la colonie en général de le charger un peu pour l'obliger comme on l'a dit cy-devant à venir en ville y apporter des denrées et s'y procurer en marchandises ce dont il peut avoir besoin.

***

**LE 9**

A la sortie de chez la ditte dame Lamothe, entrés dans la ditte rivière Jesus, cotoyés toujours les terres de la gauche, vus la pointe de l'isle de ce nom où cette rivière se confond en celle des prairies, néanmoins continués toujours à marcher le long de la grande terre du nord, passés devant le débouché de la rivière de l'Assomption ; plus loing le long de la Seigneurie de Repentigny, laissés à droite deux islets et la pointe de l'isle de Montréal, entrés dans le fleuve et parvenus chez le capitaine de la côte de la paroisse de St. Sulpice, où pris des chevaux frais ; continués à marcher à portée des terres, en laissant à droite les isles mentionnées en la journée du 12 février. Mis à terre chez le curé de Berthier pour y changer de chevaux, mais il n'y eut pas moyen d'en avoir ; repris les nôtres pour aller chez La Noët habitant de l'isle au Castor, suivis pour cet effet le même chemin qu'on avait tenu le dit jour en montant.

Parvenus chez le dit La Noët, tous les chevaux des maisons voisines étaient à voiturer du bois ; il fallut en chercher en l'isle Dupas ; heureusement qu'il s'en trouva deux et fort vigoureux. Après nous être chauffés et réposés, montés en voiture, cotoyés la dite isle au Castor, ensuitte la grande terre jusque vis-à-vis l'habitation d'un nommé Pelon ; là notre voiturier se défiant que la grande quantité de neige qui était tombée depuis

2 jours ne lui permettait pas de traverser le lac St. François, il prit le parti de monter sur les terres ; entrés dans un bois où le chemin tortueux, raboteux et serré, obligeait à des précautions pour ne pas le manquer à sa sortie ; descendus dans la rivière de Masquilongé, remontés son cours pendant une bonne demie heure, et mis à terre pour changer de chevaux à sa rive gauche. Il commençait à se faire tard, le mauvais temps continuait : ces inconvénients présentaient qu'il aurait été prudent de rester en cet endroit, mais on y aurait été par trop mal logé, d'autant que cette maison n'est point sur la route qu'on tient d'ordinaire en hivert, de sorte que les chevaux attelés, rembarqués en carriole, remontés encore la dite rivière assez longtemps, puis ensuitte suivis les terres de la gauche pendant un bon quart d'heure, entrés dans un bois plus ou moins épais et traversés de distance à autres quelques campagnes ; au delà, passés sur des ponts de rondines les rivières d'Omachis, et arrivés chez Lesueur, y mangés un morceau, et y couchés, le temps ne permettant pas d'y aller plus loing.

## LE 10

La neige ne discontinuait point depuis 2 jours ; il en était tombé une si grande quantité, que le matin, m'étant mis en chemin pour aller chez le curé de ce village, à qui j'avais laissé en passant deux louis, pour me procurer quelques pelleteries, j'enfonçay jusqu'à la ceinture et je fus obligé de revenir sur mes pas ; mon hôte voyant mon embarras, m'y conduisit en carriole non sans peine ; y parvenus, je reçus de ce prêtre 12 marthes des prix de 3 à 10 frs., et de retour à la maison, chauffé et monté en voiture, suivi le chemin de terre qu'on pratique en été. Il traverse des bois, des campagnes, et conduit chez un cabaretier établi dans l'anse au fond du lac, sur la seigneurie de Tonnancour. Y reposés et chauffés, ensuitte remontés en carriole, entrés tout de suite dans le lac Il faisait une poudrerie qui empêchait de voir 20 pas devant soy ; d'ailleurs, les chemins étaient couverts de neige et les bâtisses étaient rabattues. Notre conducteur paraissait embarrassé, d'autant qu'il ne pouvait distinguer les endroits pris par la gelée depuis longtemps, d'avec d'autres qui ne pouvaient l'être que de la veille ; il allait néanmoins toujours son train, cependant avec beaucoup de précautions, et nous étions attentifs, autant que lui, à tout ce qui pouvait favoriser la marche, quand tout à coup nous découvrîmes plusieurs traines qui venaient à nous et qui nous apprirent que, plus nous avancerons, plus nous trouverions de neige et même de l'eau sur la glace, qu'ils avaient été forcés de gagner la terre, que nous ferions bien de suivre leurs traces. Nous en fûmes occupés ; elles nous conduisirent à terre un peu en deça du ruisseau qui fait tourner le moulin de la ditte seigneurie, ensuitte au village sauvage qui se forme à la pointe du lac, et un peu plus loing sur le fleuve, rangés la rive au nord pendant 3 petites lieues, repris la terre pour entrer dans la ville des Trois Rivières et débarqués au gouvernement. Il n'était guère que 10 à 11 heures du matin ; nous trouvâmes Mde. Rigaud plus malade qu'à notre passage et de maux compliqués de grossesse, qui annonçaient qu'elle n'était point sans danger. Passés le reste de la journée sans sortir.

## LE 11 et 12

### SÉJOUR AUX TROIS RIVIÈRES

Ces jours-là furent employés à faire des visites de bienséance, et à en recevoir. Passé la journée du dimanche chez Mde Rigaud et le lendemain chez Monsieur Tonnancour ; visités néanmoins le matin, les dames ursulines, les ruines brûlées de leur maison et raisonné avec elles sur les mesures concertées avec Mr. l'évêque pour son établissement, ensuitte agité la forme de l'administration de leur hopital. Elles m'apprirent qu'elles n'avaient aucun marché avec le Roy, qu'on leur payait les journées de soldats à raison de 11 sols, et celles des ouvriers des forges à 15, qu'à la fin de l'année, sur l'état arrêté du subdélégué de la quantité de journées, on leur délivrait exactement de l'argent, néanmoins sur un blanc signé qu'on exigeait d'elles.

Le soir de retour chez Mde Rigaud, je pris des arrangements pour partir le lendemain. Il me tardait de me remettre en route ; ma santé qui était dérangée m'y invitait autant que des affaires qui m'appelaient à Québec. trouvais le temps long en cette ville, et sûrement il Je n'aurait été que de moitié, si mon hôtesse qui m'y attendait pour repasser dans ma carriole, ne m'eut obligé de différer, tant il est vrai que les moindres engagements causent toujours peu d'inconvénients.

*Na.*—Pendant mon séjour aux 3 Rivières, Mr. Rigaud continua à me donner les mêmes honneurs de la haye aux postes qu'il m'avait rendus, en passant, le 27 et 28 juillet.

***

**LE 13**

Après avoir pris congé de Mr. et de Mde Rigaud et des officiers de la garnison qui se présentèrent à mon départ, montés en carriole, avec Mr. Riverain, suivis le même chemin qu'on avait tenu en venant, mais au lieu de remonter et descendre la rivière St. Maurice sur la glace, comme en la journée du 10 Février, fait sa traversée vis-à-vis les rampes de son entrée et de sa sortie, passé au Cap Santé et à Champlain, y changé de chevaux, et mangé un morceau, remis en routte par Batiscan et Ste. Anne jusqu'aux Grondines, où quoique notre dessein fut d'aller plus loing, il fallut rester, attendu que nos chevaux avaient refusé de monter la côte de ce nom, quoiqu'on fut obligé d'atteler celui de Mr. Duplessis, Grand Prévost qui nous suivait, et qu'ils nous parurent si fatigués que le parti le plus prudent était de rester. D'ailleurs, il n'avait pas discontinué de neige. toute la journée, et il commençait à se faire tard. Soupé et couché chez Rolet ; c'est un bon habitant, mais il n'est pas à beaucoup près si bien arrangé et meublé que les autres dont on a fait mention.

## LE 14

### SÉJOUR AUX GRONDINES

Verglas, neige, pluye, poudrerie toute la nuit et la journée, qui nous obligèrent à séjourner en cet endroit. Le maître de la maison était un homme de 68 ans, vert encore, vif et plein de bon sens ; j'ai dû m'appercevoir par les différents raisonnements qu'il me tint, que les Canadiens demandent d'être menés avec douceur et d'être un peu flattés. Il me représenta à cet égard le caractère de Mr. de Vaudreuil ; que l'émulation de la part des habitants, lorsqu'il voyage d'une ville à l'autre, était si grande pour l'accompagner que tout le monde voulait le suivre, et cela parce qu'il savait en captiver les cœurs par des façons affables, et qu'aujourd'hui, pour les obliger à se prêter aux plus petites occasions du service, on ne les menaçait que de prison et de châtiments, d'où s'en suivrait un éloignement pour tout ce qui intéressait le gouvernement ; on doit conclure de là qu'on ne saurait donner trop d'attention au choix que l'on fait du général à commander en ce pays.

## LE 15

Montés en carriole entre 6 à 7 heures du matin, suivis encore le même chemin qu'on avait tenu en montant, passés à Deschambeaux, au Cap Santé, à la Pointe aux Trembles où changés de chevaux chez le nommé Grenier, marchand, continués à marcher par les côtes dépendantes de la paroisse de St. Augustin, le moulin de ce nom, la rivière et côte du cap rouge par Ste. Foye, et arrivés à Québec entre 9 à 10 heures du soir.

Ces voyages sont penibles de toute façon ; en hivert on y souffre du froid. S'il tombe de la neige, à moins d'avoir une carriole fermée comme une chaise de poste, on y en est rempli ou mouillé quand il pleut ; d'ailleurs, on y est tourmenté par les différents cahots de la voiture ; jamais si bien couché que chez soi et fatigués de mille façons, soit à monter ou à descendre les côtes, et toujours à la veille de s'y précipiter du haut en bas. Cela n'est pas sans exemples, d'autant que la neige y rétrécit le chemin ; cela est si vrai que le 14 de ce mois le profil des terres de celles à Pagé était tellement chargé de neige, que pour que la carriole trouve son assiette sur la forme, il fallut qu'elle en embarquât au moins plein un tombereau. Je ne saurais considérer ces sortes de voyages agréables, mais bien à charge, quand on est obligé de les faire en cette saison.

Fait à Québec, le 16 Mars 1753.

FRANQUÉ.

DU FORT ST FRÉDÉRIC.

Ce fort est situé sur les bords de la rive de l'ouest du lac Champlain, vis à vis l'endroit nommé la pointe à la chevelure, à 45 lieues du Fort St. Jean, et à 6 du sault de la décharge des eaux du lac St. Sacrement.

Les fortifications consistent en une redoute de la figure représentée au plan, couverte en bois, et en une enceinte de 6 bastions qui l'enveloppe.

La redoute est le premier ouvrage de ce fort. Sa construction est des plus solides, ses murs sont d'une épaisseur capable de résister au canon, percés d'embrazures et renforcés à leur sommet d'un machicoulis qui en deffend l'accès. La distribution de ses bâtiments comprend un rez de chaussée qui sert de magasin aux vivres, deux étages affectés au logement du commandant, des soldats, du garde magasin et de l'armoirie, et dans le milieu, une poudrière. En avant de la face de son entrée est un fossé traversé d'un pont lévis.

Dans cet état elle aurait suffi contre des sauvages et même contre toute attaque de vive force ; on y trouve de deffaut que le manque d'eau. L'objet de son établissement est d'harceler, au passage nommé le détroit de la rivière, tout ce qui peut descendre du lac St. Sacrement, de la rivière à Chicotte, et de toutes autres qui débouchent des possessions anglaises, dans le lac Champlain.

Indépendamment de cet objet, il est à présumer que les vues du gouvernement étant de pénétrer le pays de plus en plus par des habitations, et de les y soutenir par un poste capable d'une forte résistance, l'on a saisi le dessein d'enfermer cette redoute dans une enceinte de 6 bastions. On ne voit rien qui ait pu combattre un projet aussi étendu, si non qu'eu égard à ce que ces derniers ouvrages sont dominés de 27 pieds d'une hauteur de roc située à 99 toises, et en avant de la face droite du bastion de la baye, l'on aurait pu porter la défense de ce fort en général sur la pointe à la chevelure, que la nature a circonvenu d'un marais qui aurait accru les difficultés de son attaque. D'ailleurs, les terres n'y étant point aussi élevées que de l'autre côté, le feu aurait été plus razant sur le passage nommé le détroit de la Rivière.

Ce parti n'ayant point eu lieu, il faut chercher à tirer avantage de cette enceinte ; mais auparavant, il convient de constater en quoi elle consiste, et la force que présente la construction.

L'enceinte composée de 6 bastions, d'autant de courtines, flanquée dans toutes ses parties et percée de créneaux en dessus de la banquette de 12 pieds de largeur, est trop faible contre de l'artillerie et trop résistante contre de la mousqueterie ; néanmoins, en cet endroit elle offre une deffense qui éloigne les approches et obligerait à du canon pour la prendre ; bien des difficultés se présentent pour l'y conduire ; mais aussi, y parvenu, la partie crénelée serait bientôt renversée et l'autre en dessous facilement ruinée. Pour lors, le parti le plus prudent serait, après avoir fait les derniers efforts pour empêcher d'y monter, que la garnison s'y retira dans la redoutte, où, en la supposant munie d'eau, de bois, de vivres et de munitions de guerre, l'on se deffenderait par un feu d'autant plus assuré qu'elle découvre toute la campagne, et que l'ennemi ne saurait faire entre elle et la ditte enceinte le moindre établissement sans en être vu jusqu'au pied.

De ce détail l'on doit juger de la deffense de ce fort. On y ajoutera que les ponts n'ayant que peu d'étendue, l'espace que la fortification comprend est serré, et qu'on ne se garantira du feu de revers de la ditte hauteur, qu'en l'occupant par une lunette de 25 à 30 toises de face, ouverte par le coté opposé à la ditte enceinte, et avec une communication conformément au projet joint au plan.

Au pourtour intérieur de ce fort sont des batiments, les uns construits en bois et d'autres en maçonnerie, et tous à usage de logements et de magazins.

Indépendamment de ces ouvrages, sont d'autres res tés en souffrance, néanmoins indispensables à l'utilité et au secours de la garnison, savoir :

1° Il n'y a point d'eau dans le fort, et en le supposant bloqué, il faudrait de nécessité ouvrir la porte pour en aller prendre à la rivière, inconvénient qui entrainerait bien des accidents. Pour rémédier à ce défaut, il faut établir une citerne qu'on remplira aisément d'eau de pluie, au moyen des gouttières à placer au pourtour de la couverture de la redoute.

2° Les guérites de pierre construites aux angles des bastions, n'étant point habitables par leur peu de capacité, il en faut d'autres en bois, dans les endroits seulement où le service exige des sentinelles.

Trois des angles des bastions flanqués tombent en ruines ; dans peu, on sera obligé à leur rétablissement.

Le tableau de la porte de l'enceinte périclitte, plusieurs pierres en sont déjà détachées. On ne saurait manœuvrer le pont-lévis sans courir risque de le renverser. D'ailleurs, la plupart des murs de l'enceinte souffrent ; l'on serait assez d'avis de croire que c'est plus par un défaut de construction que par le poids des terres.

Il faut des cordes de rechange aux 2 ponts lévis ; celles d'aujourd'hui ont rompu en voulant les lever ; d'ailleurs, il faut les manœuvrer tous les jours, au moins celui de l'enceinte, affin d'assujettir le soldat à un service régulier.

Les cabanes des soldats sont ruinées ; il faut de nécessité en faire de nouvelles. L'on serait d'avis qu'on les construisit à 2 rangs l'un sur l'autre au pourtour des murs de la redoutte.

Eu égard à la chaleur du climat, il est de nécessité de pratiquer une cave à l'officier commandant. Il n'y a qu'un four dans la redoute. On estime très utile d'en construire un second pour faire face aux mouvements du service en temps de guerre.

Les latrines sont saillantes sur la courtine d'entre les bastions du moulin et de la baye, et d'une construction légère, totalement en bois et de peu de durée. L'on serait d'avis, lorsqu'elles péricliteraient, qu'on les rétablit plus solidement et sur les fronts d'entre les bastions du lac St. Sacrement et de la redoutte. La porte du magasin à poudre est trop faible ; il faut la garnir de tôle. La couverture de la redoutte n'est que d'une simple planche ; il pleut partout dans le grenier ; on ne saurait trop, si on veut éviter le dépérissement des voûtes des planches et de la charpente, y appliquer du bardeau ou la doubler d'une autre planche en sens contraire à la première.

Enfin, il faut tous les ans travailler aux mêmes réparations qu'exige en général l'entretient des ouvrages et des bâtiments quelconques.

L'on ajoutera à tout ce qui vient d'être dit sur l'état actuel de ce fort, que le terrain qu'il comprend est trop serré, et que dans le cas d'y réfugier les habitants qu'on y attire, tant dans la partie d'en deça le long du lac Champlain, que dans celle d'au delà, et qui dans une prochaine rupture avec nos voisins, seraient les premiers en prise, on ne pourrait les y contenir avec les bestiaux qu'ils ameneraient en secours à la garnison.

D'ailleurs, il y a autour du fort, un moulin construit en pierre appartenant au Roy, un terrein à titre de son domaine, spacieux, défriché, et prêt à mettre en culture, et plusieurs cabanes dans les environs pour y loger un vacher, des chartiers, des chevaux et des vaches qu'on y entretient et dont l'utilité est affectée à voiturer, pendant l'hivert, le bois nécessaire au chauffage, et à procurer des douceurs à tout ce qui est attaché au service.

L'exploitation de ces différents objets se faisant par économie, il n'est pas possible qu'elle ne soit sujette à bien des abus, et quoique la connaissance ne soit pas de mon ressort, les difficultés qui s'y rencontrent parmi ceux qui en jouissent, m'ont fait saisir les moyens d'y remédier ; on les rapportera cy-dessous après avoir discouru du projet de ce fort. Le sommet de son enceinte, étant dominé de la hauteur qui est en avant de 27 pieds à la distance de 90 toises, il est tout simple de croire qu'on doit être vus de revers, dans les fronts opposés et collatéraux à la ditte hauteur ; partant, que c'est un défaut essentiel qui ne peut se corriger que par un ouvrage en redoutte, ou lunette à y placer à cet effet. Ayant considéré que la lunette projetée entraînerait une communication à double sappe de 6 toises de largeur au plus, ainsi qu'on la pratique en tous les ouvrages avancés, l'on a cru, eu égard au peu de capacité de ce fort, devoir tirer les branches de la ditte communication, des extrêmités de la gorge de la ditte lunette droite aux angles de l'épaule des bastions de la Baye et du lac Champlain. Par ce moyen, il se trouvera un terrein susceptible d'un établissement de bâtiments, capables de suppléer à ceux du fort, et affin de couvrir les murs de la ditte enceinte, on l'enveloppe d'un chemin couvert dont le parapet de 12 pieds d'hauteur sera élevé au niveau du cordon. Ce chemin couvert règnera le long des branches de la communication et même au pourtour des faces de la lunette. Le projet, joint au plan, fait connaître toute la deffense qu'on en tirera, et la nécessité indispensable de s'en emparer pour battre en brèche la ditte enceinte. Ces ouvrages bien formés, seront d'autant plus respectables, que le monde que les anglais pourraient employer à un siège de cette nature, n'étant point accoutumé à une attaque d'ouvrages semblables, y serait fort embarrassé. L'on peut connaître, par l'inspection du plan, que toutes les parties du projet se flanquent, et qu'il n'y a que les deux faces de la lunette qui n'ont qu'une deffense directe, défaut qu'on reprocherait à tout autre terrein qu'icy, ou sa qualité, totalement de roc, supprime tous les moyens ordinaires d'y cheminer. Si la cour adopte ce projet, il sera aisé, au moyen du profil cy-joint, d'en faire l'estimation. On incline d'autant plus à son exécution, que ce fort étant l'appuy de nos établissements de ce côté-là, et le lac St.

Sacrement donnant des facilités à nos voisins d'y parvenir, ainsi qu'à nous d'aller sur eux, on sera dans la nécessité, dans un cas de guerre, d'y tenir toujours beaucoup de monde.

On ne propose rien sur la redoute. On observe seulement que dans le cas que l'enceinte bastionnée serait prise, les troupes qui auraient été commises à sa deffense, seraient forcées de s'y retirer, que pour lors on y serait les uns sur les autres, fort à l'étroit et dans l'infection, d'autant qu'il n'y a point de latrines On dira de plus que le canon de l'assiégeant traversant la ditte redoutte par les croisées, ébranlerait les murs de refend qui soutiennent les voûtes, et que, si ce qu'on rapporte de leur mauvaise construction est vray, on ne tiendrait pas longtemps dans cet ouvrage, sans courir les risques d'être abimé sous ses ruines

Quant aux moyens à remédier à l'exploitation de la régie par économie, de tous les objets relatifs au bien de la garnison en général, l'on serait d'avis d'affermer le moulin, de donner en rente le terrein à titre de domaine du Roy, de faire une gratification à tous ceux qui jouissent des dittes « *vaches* » proportionnellement aux douceurs qu'ils en retirent ; et qu'après avoir fixé la quantité de bois (arbitraire aujourd'huy) qu'il faut par chambre de soldats, aux officiers et employés quelconques, suivant les différents grades, on fit un marché avec quelques habitants des environs pour le voiturer. L'on saurait au moins ce qu'il en coûterait tous les ans. L'on oserait assurer que cette dépense, comparée avec celle qu'occasionne la régie par économie, pour emplette de chevaux, des voitures, des vaches, leur nourriture et les harnais quelconques, le roy y gagnerait un grand tiers au moins.

DU FORT DE CHAMBLY

Ce fort est situé au côté de l'ouest de la rivière de Richelieu, à l'endroit où elle prend le nom de Chambly, au dessous des 3 rapides mentionnés à la ditte rivière, à 5 lieues du fort St. Jean et à 7 de Montréal.

La figure est un parfait quarré à 4 bastions, de 28 toises du côté extérieur. Les courtines ont 17 toises, les flancs 9 pieds, et les faces 5 toises 3 pieds. Toutes ses parties sont percées d'embrazures et de créneaux, et élevées de 30 à 31 pieds d'hauteur ; sa construction est totalement en maçonnerie. Derrière les trois côtés, de face aux terres, sont appuyés des batiments à usage de logements, de chapelle et de magasins, et du quatrième, opposé à la rivière, en sont d'autres postés sur des arcades faites après coup, et si mal, qu'elles menacent ruine aujourd'hui, et intérieurement au pourtour des 4 côtés et sous la couverture des bâtiments est une galerie destinée pour faire feu à la deffense de ce fort. Dans cet état, il n'est insultable qu'avec du canon, et eu égard aux difficultés qui se présentent aux anglais d'en apporter, l'on doit le considérer inattaquable

Depuis l'établissement du fort St. Frédéric, il se trouve aujourd'hui reculé de la tête de nos possessions, et cette considération avait fait naître l'idée de le détruire ; il faut bien s'en garder. Il soutient la navigation sur la rivière de Richelieu, sert d'azile aux habitations y répandues, offre une retraite assurée à des troupes qu'on aurait postées en avant ; en un mot, quoiqu'en seconde ligne, on en peut tirer le même avantage au service que s'il était en première.

La distribution de ses bâtiments est des plus commodes au service, la bâtisse de ses ouvrages est des meilleures, et son établissement est de Mr. de Beaucour, ancien ingénieur et l'un des officiers qui a travaillé le plus fructueusement dans le pays.

L'on serait d'avis qu'on entretint soigneusement les ouvrages et les bâtiments et qu'on rétablit les voutes appuyées derrière la côte de face à la rivière, avec bonne liaison au mur extérieur, et que dans leur distribution on y comprit une prison, un magasin à poudre, des latrines pour soldats, d'autres pour officiers, et autres endroits qui ne sauraient être que très-utiles au service.

On observe que la distribution de ses bâtiments comprend une chapelle très-propre et abandonnée aujourd'hui ; les ornements mêmes ont été portés au fort St. Jean. L'on serait d'avis d'y rétablir le service divin.

On observe que les environs de ce fort sont défrichés, et, qu'autour néanmoins, à la portée du fusil, sont plusieurs habitations

Le plan cy-joint fait connaitre sa figure. C'est le meilleur qu'il y ait en Canada (voir plan).

DE LA RIVIÈRE DE RICHELIEU

Cette rivière de Richelieu est formée de la décharge des eaux du lac St. Sacrement, de la rivière à chicotte, et de plusieurs autres qui débouchent dans son cours.

Son origine doit être considérée à 6 lieues au dessus du fort St. Frédéric ; l'endroit le plus remarquable qui l'avoisine se nomme la pointe à Carillon ; là, la rivière y est étranglée et forme une branche vers l'ouest qui conduit au dit lac, et au sud, est une anse extrêmement étendue dans le fond de laquelle affluent plusieurs ruisseaux et la ditte rivière à Chicotte.

Les eaux du lac St Sacrement se précipitent par un saut de 32 pieds d'hauteur, néanmoins sans former une nappe d'eau uniforme que dans les grandes crues, pour l'ordinaire elles coulent sur les côtés, et le rocher dans le milieu se trouvant plus élevé, et formé par gradins, on le monte sans se mouiller.

Cette rivière prend différents noms depuis son origine jusqu'au fort St. Jean, elle se nomme lac Champlain. En dessous jusqu'au fort Chambly, et au delà, jusqu'à son confluent dans le fleuve St. Laurent, elle se confond à la rive du sud à 18 lieues en dessous de Montréal, elle est connue sous le nom de Rivière de Richelieu, de manière que son cours, estimé 75 lieues, peut être considéré en trois parties :

Noms des rivières qui y affluent, des isles qui s'y trouvent, et des rapides dont elle est traversée.

Première partie, nommée lac Champlain, comprise entre le lac St. Sacrement et le fort St. Jean.

### EN DESSUS DU DIT FORT ST. FRÉDÉRIC

| Coté de l'Ouest<br>Rivières | Coté de l'Est<br>Rivières |
|---|---|
| Rivière à<br>la barbue | Rivière à<br>Desjardins |

*Na.*—Depuis le lac St. Sacrement jusqu'au fort St. Frédéric, il n'y a que des islets formés de sable, couverts de joncs, situés entre la chutte du dit lac et la pointe à Carillon.

### EN DESSOUS DU DIT FORT

| | | | |
|---|---|---|---|
| Rivière à | | Boquet | Grande Re. aux loutres |
| » | au | Sable | Petite Re. aux loutres |
| » | au | Canot | Rivière de Onisnouskouy |
| » | | Sataramac | Re. à la Moelle |
| petite | | Chasy | Baye de Michiskouay |
| grande | | Chasy | Re. du Sud |
| » | à la | Colle | Re. des arbres matachés |
| » | à | Bleury | |

***

### ISLES

| | |
|---|---|
| Les deux isles à l'ardoise | L'isle au boiteux |
| L'isle à la barque | » à Sabrevoix |
| Les 3 isles de la petite rivière aux loutres | Isle à la peur |
| | Les 4 isles des 4 vents |
| L'isle Rodziou | L'isle au chapon |
| L'islette de baye du Pérou | » Ouinouskouy |
| L'isle Woinoutic | L'isle aux cèdres |
| L'isle aux souris | |

| | |
|---|---|
| Rocher Rouddiou<br>Isles de la Providence | à la pointe de l'est de l'isle contrecœur |

La grande et les trois petites isles Valcour.
L'isle St. Michel

La grande isle de Contrecœur,
Les trois isles au bois blancs situées vis à vis le chenal qui divise celle-cy dessus en deux parties,
L'isle à la Motte.
Islette à la pointe de l'est
Autre au côté du sud
et deux islettes à la pointe de l'ouest } de la ditte isle de la Motte.
Petite isle
Grande isle } aux têtes.
L'isle Laugevin
Petite et Grande isle aux noix et les 4 petites isles.

*Na.*—Que l'isle de contrecœur est la plus grande de toutes ces isles.

On observe que vis à vis le fort St. Frédéric les habitations se forment lentement, qu'il n'y en a que 19 du côté du ouest et 21 à celui de l'est, que cependant il serait bien avantageux au service d'y en attirer et de les avancer de plus en plus vers la pointe Carillon.

Eu égard à ce que la rivière se rétrécit entre la ditte pointe Carillon et l'endroit nommé le campement de Mr. de St. Pierre, l'on serait d'avis d'établir une redoutte en ce dernier endroit, tant pour couvrir les habitations et les protéger que pour inquièter tout ce qui pourrait descendre des établissements anglais.

Du dit fort St. Frédéric à celui de St. Jean sont 8 seigneuries à la rive de l'est et 7 à celle du ouest. L'on commence les établissements sur les premiers, mais l'on en a apperçus aucuns sur les autres.

SECONDE PARTIE, connue sous le nom de rivière de Chambly, depuis le fort St. Jean jusqu'à celui de Chambly.

ISLES, RAPIDES ET ENDROITS REMARQUABLES

| Coté de l'Ouest<br>Rivières | Coté de l'Est<br>Rivières |
|---|---|

A 500 toises en-dessous du fort St. Jean est le rapide de ce nom long de 7 à 800 toises, difficile à passer quand les eaux sont basses.

Rivière St. Jean au-dessous de ce rapide.

Islet vis à vis l'endroit nommé les 1000 roches, Isle Ste. Thérèse d'une lieue de longueur. Islet à la pointe de l'Est.

Rivière des Iroquois par le travers de cette grande isle ; au dessous de cet islet à la rive du nord, est un fourneau au goudron et plus loing est l'ancien fort Ste Thérèse ruiné aujourd'hui.

*Na.*—Qu'entre le rapide précédent et le suivant débouchent deux ruisseaux.

Au-dessous de cet ancien fort est le rapide Ste. Thérèse plus difficile et plus dangereux que l'autre à traverser.

Au-dessous de ce rapide est celui de Chambly qu'on ne peut traverser sans beaucoup de risque en tout temps.

Isle à Dupuy par le travers de ce rapide ; à la rive du nord sont des vestiges d'un moulin à eau.

Isle St. Jean vis-à-vis le fort Chambly, et quatre islets aux environs de sa pointe de l'ouest.

On estime que sous le gouvernement du fort St. Jean sont seulement une douzaine d'habitants, et qu'il conviendrait y en attirer un plus grand nombre, affin de lier ceux-cy avec les autres répandus sur le lac Champlain.

Troisième partie, désignée rivière de Richelieu, depuis le dit fort Chambly jusqu'au confluent de cette rivière dans le fleuve St. Laurent.

*Na.*—Que dans cette partie, il n'y a pas de rivières qui y affluent, mais seulement quelques ruisseaux.

Isles Ste. Thérèse situées à ½ quart de lieue du fort Chambly ; à 2 lieues au dessous du côté du sud est la montagne de Chambly, et vis à vis, se trouve un rapide à la rivière aisé à passer ; à 2 lieues plus loing est l'isle St. Charles avec batture de roches un peu au dessus de sa pointe de l'est.

Autre isle nommée l'Assomption. A 300 toises plus loing, les deux islets vis à vis la Seigneurie de St. Ours, la grande isle à Deschaillon.

*Na.*—Les deux côtés de la rivière sont habités ; néanmoins celui du sud parait l'être mieux que l'autre, les terres y sont élevées de 7 à 8 pieds d'hauteur, et les bords vazeux qui obligent à des précautions pour prévenir la perte des bestiaux.

Joignant la montagne de Chambly est un bâtiment qui fait de la brique; la terre nous y a paru très-propre, et depuis la ditte montagne jusqu'au dessous des isles au cerf, les habitations ne sont point encore absolument formées; au reste, le terrein de droite et de gauche est concédé en seigneurie. On y bâtit actuellement deux églises, et il y a apparence que dans peu il ne sera pas moins bien arrangé que celui des rives du fleuve St. Laurent, d'autant que l'on remarque qu'il est réputé l'un des meilleurs du Canada pour la reproduction des graines de toute espèce, et que les bâtiments de 40 à 50 tonneaux pouvant remonter cette rivière dans le printemps, les habitants en trouvent le débit facilement.

DU VILLAGE SAUVAGE DU NOM DE ST. FRANÇOIS

Ce village est situé du côté du nord de la rivière de St. François à deux lieues en dessus de son entrée dans le fleuve St. Laurent, où elle se confond par 4 débouchés.

Pour s'y rendre, l'on a suivi le second nommé le débouché St. François; environ à demie lieue en dessus, se trouvent des champs défrichés, et commencent les habitations du village français du nom de l'autre sauvage; là se présente une grande isle; pratiqué le passage du nord. Il conduit au dit village français, situé à la même rive que l'autre.

Entre ces deux villages sont deux isles. Vis à vis la plus avancée, est l'origine du premier débouché: on le nomme Tardif dans le pays. D'où continuant à pénétrer cette rivière, l'on parvient au dit village sauvage où sont deux autres isles situées par son travers.

Ce village sauvage éloigné de l'autre, français, et composé de 51 cabanes de figure en quarré long, couvertes de planche et d'écorce, et de 12 autres, construites et couvertes à la française, est considérable et composé uniquement d'abenakis. Il ne s'y trouvait que des vieillards et des femmes; les hommes étaient à recueillir du genscing, et d'autres en traite à la Nouvelle Orange. Les deux Jésuites missionnaires, l'un entr'autre, nommé le père Aubry, homme extrêmement au fait des intérêts de cette colonie, étaient absents, de manière que je ne pus savoir le nombre des guerriers, celui des personnes du village en général, ni pus discourir sur leurs mœurs, politique, et encore moins sur leur fidélité au Roy. Cependant, on les considère les plus attachés.

Le curé du village français qui m'accompagnait, prétend que cette rivière remonte encore 10 lieues, qu'à son origine sont des montagnes nommées la hauteur des terres qui, suivant le sentiment public, doivent servir de limites entre les Anglais et nous. Quoiqu'il en soit, on serait d'avis de pénétrer cette rivière, d'y établir des habitants autant loing qu'on pourra, de construire à leur tête un petit fort, autant pour les rassurer que pour prendre acte de propriété et pouvoir en cas de trouble, inquiéter les Anglais dans leurs courses, les gêner dans leurs possessions et faciliter nos entreprises sur eux.

L'on observe en général qu'on permet aux sauvages domiciliés sur les terres du Roy, d'aller vendre chez les anglais les castors provenant uniquement de leur chasse, et même un seul paquet à la fois, encore faut-il qu'ils soient munis d'un certificat de leur missionnaire, mais qu'ils mesusent de cette facilité, ils y en portent autant qu'ils peuvent, attendu que les Anglais les leur payent plus chers que nous ; néanmoins, il faudrait imaginer un moyen de gêner ce commerce ou au moins, empêcher qu'il ne devienne abusif en deffendant qu'ils introduisent en retour des marchandises prohibées.

La route la plus ordinaire qu'ils pratiquent est par le lac Champlain, où sont les 3 forts dont nous avons traité. Parvenus à la chute des eaux du lac St. Sacrement, est un portage de 11 à 1200 toises au plus ; le chemin y est beau, un peu montagneux à son entrée, mais plus loing, extrêmement aisé. Je l'ai parcouru jusqu'à son débouché ; l'on pourrait facilement y conduire du canon. Arrivés au dit lac, ils se remettent à l'eau. La traversée est de 18 lieues, après quoi est un portage de 5 qui conduit à la rivière d'Orange, où ils se rembarquent pour descendre à cette ville, si mieux ils n'aiment d'arrêter chez des négociants nommés Ledis, établis à sa rive gauche, à une lieue au dessous de son origine.

*Na.* – Qu'en descendant cette rivière, l'on passe sous le feu du fort Parasco, établi à la rive droite, à 5 lieues du dit portage, et que de ce fort à la ditte ville on estime 10 lieues, partant du Sault du lac St. Sacrement à Orange, 38 lieues.

DU VILLAGE SAUVAGE NOMMÉ PRÉCANCOUR.

Sortis de la rivière St. François par le premier débouché nommé communément le passage Tardif; à son entrée dans le lac St. Pierre, sont plusieurs platiers de roches et de sables. Il faisait un peu de vent. L'on porta à la voile, droit sur la pointe du sud du dit lac; cotoyés les terres de cette partie, passés par le travers de la ville des Trois Rivières, et vus à deux lieues en dessous l'entrée de la rivière de Précancour. Elle forme 3 passages à son débouché et des battures à chacun; l'on suivit celui de la droite qui conduit le long des terres du sud de la ditte rivière. Vus sur la gauche l'isle à Madame Croisy, et des deux côtés, des terrains défrichés et mis en valeur, et le vent étant forcé, mis à terre à l'une des premières habitations de la partie du sud.

Là, instruit que le clocher que l'on découvre à la rive du nord est le village de Précancour français; l'on ajouta que l'autre sauvage, était situé à la rive du sud, à demie lieue du premier, et à une lieue de l'endroit où j'étais descendu; qu'eu égard aux rapides dont cette rivière est traversée, je ne pouvais la remonter au plus avec mon batteau que jusqu'à cette première église, et que le chemin pour y aller par terre était bon; je pris le parti de m'y rendre à pied. Il est traversé de deux ponts et règne tout le long de la rivière. Parvenus au dit village, je fus chez le père Jésuite, missionnaire, qui me dit que tous les sauvages étaient en traite et à recueillir du geinseing. Je le parcourus. Il est aussi composé d'Abénakis, et moins considérable que celui de St. François ; on y compte 19 cabanes, 55 guerriers, et en tout 280 personnes.

Le révérend père voulut me faire voir son église et ses richesses ; il est vrai qu'il y a peu de cathédrales en France qui ait autant d'argenterie et de si beaux ornements.

Je sus de lui que cette rivière remontait aussi environ 10 lieues, qu'elle sortait du lac situé à la hauteur des terres, qu'elle était traversée par plusieurs rapides de distance à autre, qu'il n'y avait que des canots sauvages qui pouvaient la fréquenter, et que les terres de droite et de gauche étaient bonnes et susceptibles d'établissements. J'ajouterai qu'elles sont les meilleures de la colonie, qu'elles produisent tout ce que l'on veut, que leur culture exige peu de travail, et que le fourrage y est d'une bonne qualité et si abondant que les habitants ne se donnent pas la peine de le recueillir.

Je serais d'avis qu'on fut reconnaître la source de cette rivière, qu'on attira tout le long des habitants, et qu'on prit les mêmes précautions, qu'on a dit sur le village précédent, pour les y soutenir contre les Anglais, et pour gêner ceux-cy dans leurs possessions et leurs entreprises sur nous.

## DU GEINSEING.

Le geinseing est une racine qui, par la quantité qui en est passée en France depuis 3 ou 4 ans, doit être connue en Europe ; on ne dira rien de sa propriété. Il suffit seulement qu'on sache que les chinois la recherchent, qu'on ne saurait trop en envoyer et qu'elle s'y vend à un prix exhorbitant. Tous les habitants de la campagne, y compris les sauvages, négligent tout pour s'y adonner. C'est une fureur aujourd'hui ; et, malheureusement, on n'attend point qu'elle soit mûre pour la cueillir. De là, il arrivera que sa qualité dégénère et qu'on perdra l'une des productions les plus capables d'enrichir ce pays. D'ailleurs, il n'y a ni ordre ni arrangement ; chacun se croit en droit de le couper sur les terres de son voisin, moyennant qu'on en trouve ; l'on s'embarasse peu de l'endroit où il croît. Entr'autres moyens capables de prévenir ces discordes, l'on serait d'avis de le vendre, en privilège exclusif à une compagnie, sous peine rigoureuse d'en vendre à d'autres. Pour lors, les préposés aux achats ne recevraient que celui reconnu bon et mûr et bien conditionné, et seraient tenus de dénoncer tous ceux qui leur en apporteraient de défectueux, pour les amender suivant comme ils seraient en deffaut.

Fait à Québec, le 27 Décembre 1752.

FRANQUÉ.

# CANADA, 1753.

**Mémoire sur les moyens d'augmenter la culture des terres en Canada, et d'y entretenir l'abondance, sans qu'il en coûte au Roy et à la colonie, et par là, éviter toutes disettes.**

Il est étonnant qu'un pays tel que le Canada, établi depuis environ 150 ans, où les terres sont bonnes, produisent beaucoup sans une grande culture, et où chaque laboureur peut en avoir autant qu'il en veut, qu'il peut en cultiver et en défricher, ne soit pas en état de produire non seulement la substance de ses propres habitants, mais encore, de fournir des farines et autres denrées convenables, pour différentes branches du commerce, et qu'il soit exposé à éprouver des disettes qui sont toujours d'autant plus fâcheuses.

1° Qu'elles mettent les habitants, surtout ceux qui sont pauvres, hors d'état d'élever autant de bestiaux, volailles et autres denrées qu'il en faut pour la substance du pays, et assez abondamment pour pouvoir les vendre à un prix modique et raisonnable.

2° Qu'elles suivent les ouvriers et journaliers qui sont pauvres, dont le salaire peut à peine suffire pour acheter, pour eux et pour leur famille, du pain, qui est toujours fort cher et fort mauvais, et qu'ils ont encore beaucoup de peine à avoir pour leur argent dans ces tristes circonstances.

3° Qu'elles sont quelques fois suivies de maladies très fâcheuses qui enlèvent malheureusement beaucoup de monde à cette colonie ; il est vrai que ces disettes ne sont presque jamais réelles, mais seulement apparentes : on s'explique. On dit qu'elles ne sont presque jamais réelles, parceque, depuis que la colonie est établie, on se souvient pas qu'il y ait jamais eu aucune année, quelque contraire que la température des saisons ait été aux bleds et aux autres productions de la terre, où la récolte n'ait pas été assez abondante pour nourrir les habitants de ce pays, ou si cela est arrivé, ça n'a été que très rarement ; aussi on ne peut pas dire absolument parlant, que ces disettes arrivent par des mauvaises récoltes et par des années stériles, mais elles ont toujours été apparentes, et n'en ont pas pour cela été moins funestes ; voyons ce comment elles ont été apparentes. On a permis en différents temps et presque toujours, à des particuliers soupçonnés d'être singulièrement protégés par les personnes qui occupent les premieres places, ses soupçons n'ont eu malheureusement que trop de fondement, d'acheter ou de faire acheter tout ce qu'il y avait de bleds et de farine dans la colonie, d'en faire des amas considérables, de les enlever même d'autorité, sous prétexte de service du roy, soit pour la substance des villes, des troupes, des différentes garnisons de cette colonie, soit pour les laisser perdre ou bien, pour l'employer à leur commerce, en faire par là des sorties nécessaires hors de cette colonie, de sorte qu'au milieu de l'abondance même, on a souvent trouvé les moyens de faire naître une disette affreuse. On n'avance rien en cela qu'on n'ait vu, maintes et maintes fois, et pour s'en assurer, il suffit d'interroger les habitants sensés et raisonnables du Canada. On dit plus ; on a souvent vu l'avidité de ces courtiers, qui sont ordinairement des coquins et des fripons, porter si loing qu'ils ont acheté et fait acheter les autres denrées nécessaires à la vie, comme volailles, veaux, moutons, bœufs, lièvres, perdrix, boissons, beurres, suifs, et même les légumes tels que des oignons, des choux, et parce que tout ce qui se mange se vend bien, et qu'il y a toujours des profits à faire sur ces sortes de denrées. Il est aisé de voir combien des manœuvres de cette nature sont nuisibles au bien, au progrès et à l'établissement de cette colonie, puisqu'outre qu'elles rendent les sujets du roy malheureux dans ce pays, elles occasionnent encore des dépenses considérables à sa Majesté par la grande quantité de farine qu'on est obligé de faire venir soit de la Nouvelle Angleterre, soit de l'ancienne France, farines 1o qui coûtent beaucoup, 2o qui souvent arrivent si mal conditionnées et tellement avariées qu'on est obligé d'en jeter une partie à la rivière. 3° qui courent risque de périr par les dangers de la navigation en venant en Canada ; 4° Qui peuvent être prises, dans un temps de guerre, par nos ennemis. Enfin, on peut ajouter à ce qu'on vient de dire, que les terres anciennement défrichées et cultivées ne produisent pas autant aujourd'hui qu'elles avaient coutume de faire dans les commencements, soit parce qu'on ne les cultive pas bien, soit parce qu'on ne les cultive pas assez, soit parce qu'on ne les engraisse pas, soit parce qu'elles sont fatiguées, soit parce que chaque habitant en cultive une trop petite quantité, ou bien qu'il ne s'applique point assez à leur culture, aimant mieux s'adonner à la chasse, à la pêche, au matelotage ou au commerce, et quitter par là la campagne, pour s'établir dans les villes qui, en se peuplant trop, rendent les campagnes désertes. On sent bien qu'il est important de remédier à ces inconvénients, si l'on veut que cette colonie s'établisse d'une manière solide et qu'elle fleurisse. C'est ce qui a déterminé à proposer l'arrangement ou le projet suivant qui pourra non seulement remédier aux abus dont on a parlé, mais encore qui pourra contribuer à augmenter la culture et le défrichement des terres, objet vraiment intéressant, mais qui cependant a presque toujours été négligé au grand désavantage de cette colonie. Il faut voir, s'il est possible, comment on peut remplir ces 2 points de vue. Il est à remarquer que ce n'est pas faute de cultiver la terre en ce pays, si on y essuie des disettes, puisqu'un laboureur de la paroisse de Ste. Foye, proche Québec, dont les terres sont fort mauvaises, assure et est prêt d'affirmer que l'année dernière, il a semé 30 minots de bled, qui à la récolte ont donné 250 minots. Cela vaut bien la peine de cultiver la terre.

## ARTICLE PREMIER

En établissant à Québec, un bureau uniquement occupé de prendre soin de la police, de la culture des terres, du commerce des farines, tant de celles qui se consomment dans l'intérieur de la colonie que de celles qui en sortent, on pourra y réussir. Ce bureau sera composé 1° de quatre notables bourgeois, dont un fera les fonctions de greffier ou secrétaire, pour écrire et rédiger les délibérations de ce bureau ; 2° de deux officiers ; 3° de deux conseillers du conseil supérieur. Tous seront changés tous les ans, de manière qu'on en nommera d'autres à leur place, et ce sera ce bureau même qui fera cette nomination. Ce changement dans ce bureau tous les deux ans est nécessaire, affin que ceux qui le composeront ne puissent abuser directement ni indirectement de leur autorité pour faire le commerce des farines, ni pour faire des amas de bleds et d'autres denrées considérables. Mr. l'Evèque, le Gouverneur et l'Intendant, seront de ce bureau et n'y auront que voix délibératives, de sorte que la voix de chacun de ces messieurs n'aura pas plus de poids, plus de force ni d'autorité, que celle d'un bourgeois, et que tout ce qui sera discuté, agité, réglé et examiné, dans ce bureau, ne sera jamais décidé qu'à la pluralité des voix. Comme ce bureau aura pour objet l'avancement de la culture des terres et leur défrichement, on ne serait pas éloigné d'y admettre 2 notables laboureurs des environs de Québec, qui pourraient donner des lumières sur la meilleure manière de cultiver les terres, sur les expériences qu'il conviendrait de donner aux bleds et aux autres denrées, affin que les laboureurs fussent traités à cet égard favorablement. On pourrait établir un pareil bureau, dans chacune des villes de Montréal et des Trois Rivières, qui prendraient soin de la police de chaque gouvernement, et qui en rendraient compte à celui de Québec dont ils recevraient les ordres.

*Na.*—MM. les gouverneurs et intendants ont, pendant longtemps, fait les règlements généraux de police conjointement avec le conseil supérieur de Québec, et tout allait bien alors, mais depuis qu'ils n'ont point voulu que le conseil en prit connaissance, tout a été de mal en pire.

***

ARTICLE DEUXIÈME

Les curés et les officiers de milice de chaque paroisse rendraient compte conjointement ou séparément à ce bureau :

1° De la quantité d'habitants ou de cultivateurs qui sont dans leurs paroisses ;

2° Du nombre de leurs familles, savoir combien chaque habitant a de garçons et de filles ;

3° Quelle est la profession de chaque habitant, savoir : s'il s'applique uniquement à la culture des terres, ou bien s'il s'adonne à la pêche, à la chasse, au matelotage, au commerce, et si cela ne l'empêche point lui et ses enfants de cultiver la terre, ou tout au moins ne lui fait pas négliger considérablement cette culture

MM. les gouverneurs seront priés de ne créer ou faire nommer pour officiers de milice dans chaque paroisse, que ceux d'entre les habitants qui sauraient lire et écrire, et qui seraient les plus capables, les plus honnêtes gens, et les plus en état de rendre ces sortes de comptes.

4° De la quantité de terres que possède chaque habitant, de la qualité, de ce qu'il en a défriché chaque année ; si celles qu'il a défrichées méritent de l'être, car il est à observer, qu'il faudrait empêcher l'habitant de s'opiniâtrer à défricher des terres stériles et mauvaises, et qu'il vaudrait mieux les laisser pour fournir du bois ; combien il peut mettre de terres en labour tous les ans, s'il faut des guérets l'automne ou le printemps, s'il sème tôt ou tard, combien il peut récolter de minots de chaque espèce de grains par chaque année, eu égard à la quantité de terre qu'il possède ou qu'il ensemence, et à la manière dont il laboure ; en un mot s'il a beaucoup de volailles, de bestiaux et de denrées de toutes espèces abondamment.

Les curés et les officiers de milice informent ce bureau de tous ces détails au moins deux ou trois fois par an :

1° Combien il y aura eu de terres mises en guérets l'automne dans chaque paroisse, par chaque habitant.

*Na.*—Il est essentiel d'être informé de ce détail, car plus il y a de terres guérettées l'automne, mieux elles sont disposées, le printemps suivant, à recevoir la semence, et plutôt on sème ; si on sème de bonne heure, et si les semailles ont été belles et faites par un bon temps, les bleds en lèvent mieux, vallent bien et par là promettent beaucoup. Plus on sème de bonne heure, plus la récolte est abondante, en supposant l'année favorable, parce que les bleds venant à maturité échappent à tous les accidents qui leur arrivent à la fin de l'été, tels que la volaille et l'échaudage. D'ailleurs, les blés qui sont semés de bonne heure sont plus longtemps dans la terre que les autres et, par conséquent, sont plus forts, leur grain est mieux nourri et la farine beaucoup plus abondante que celui des derniers faits ;

2° Toutes les semences se font en Canada à la fin d'avril et dans le cours du mois de mai, et qu'on y sème jamais du bleds d'automne, à cause de la rigueur du froid de l'hivert. Les blés semés en avril et mai sont récoltés à la fin d'août et dans le cours de septembre, de sorte qu'ils ne sont au plus que trois mois dans la terre, d'où il faut conclure que la végétation est vigoureuse au Canada.

Ils instruiront ce bureau :

1° de la quantité de grains de toute espèce que chaque habitant aura semé le printemps ; combien cette quantité de grains occupe la terre.

2° de l'état où se trouvent les graines et le bled à la fin de juin, vers le milieu de juillet, et même jusqu'à la fin d'août ; si les bleds ont bien vallé, s'ils sont forts, nets de toutes sortes de mauvaises herbes, si leur fleurisson a été belle, si le temps a été favorable pour leur maturité, s'il y a apparence d'une bonne ou mauvaise récolte, si chaque espèce de graines a profité également. Quelles sont les espèces de terres qui réussissent le mieux dans certaines années ; en un mot, ce que l'on doit espérer de la récolte de l'année courante ; si les bleds sont venus facilement à maturité, s'ils sont beaux, bien nourris, si la récolte a été faite par un beau temps, si les bleds, étant coupés, n'ont pas été trop longtemps sur la chaûme, si la récolte a été abondante ou non, combien il faut de gerbes de bled pour un minot, si les bleds grainent beaucoup ou peu, et combien chaque habitant à récolté de gerbes, eu égard à la quantité de semence qu'il avait mis dans la terre et à la quantité de terre qu'il avait ensemencée. Enfin, combien il faut de minots de grains pour la substance des habitants de chaque paroisse, combien il en faut pour leurs semences, pour leurs volailles et bestiaux, et combien il y en aura à peu près à vendre chez chaque habitant.

3° Ils donneront avis à ce bureau des habitants qui abandonneront la culture de leurs terres, et qui quitteront leurs paroisses, soit pour aller s'établir dans une autre, soit pour s'occuper uniquement à la chasse, à la pêche, au matelotage, à la navigation, au commerce, soit pour aller demeurer dans les villes en qualité d'ouvriers, de journaliers, de chartiers ou de commerçants.

*Na.*—1° Que les villes se peuplent trop et que les campagnes deviennent désertes ; ce qui diminue la culture des terres et de beaucoup la production des denrées nécessaires pour la substance du pays.

2° Qu'une trop grande quantité de monde, dans les villes, occasionne une trop grande consommation et par conséquent la disette.

On n'entre point ici dans la forme dont les comptes seront rendus ; il suffit de dire qu'il sera fort aisé de faire un volume dans chaque paroisse divisée en colonnes ; dans l'une, l'on mettra le nom de chaque habitant, le nombre de sa famille ; dans la seconde, la quantité de terre qu'il occupe ; ainsi de la 3e colonne et des autres pour les différents objets.

On ne manquera pas d'objecter ici que tout cela demande un grand détail, qui sera à charge aux curés et aux officiers de milice, qui sauront difficilement à quoi peut monter la récolte de chaque année. On répond à cela : 1° Que les curés sauront parfaitement par leurs dîmes, la quantité de grains de toutes espèces qu'il y aura dans leurs paroisses, et le compte qu'ils en rendront ne pourra point être suspect puisqu'il est certain que chaque habitant ne leur paye pas plus de dîmes qu'il n'en doit ; au contraire, il pourrait payer quelque chose de moins.

2° Que, quand on demande un pareil détail aux officiers de milice, on n'exige pas d'eux qu'ils y apportent une exactitude si grande, à ne pas se tromper d'un minot, mais qu'on leur demande un à peu près qui approche de la quantité de grains que peut avoir chaque habitant ; enfin, les officiers de milice n'ayant point d'impôts à payer, ni de charges publiques, ne seront pas bien fatigués d'un pareil détail ; d'ailleurs, quand il s'agit du bien public, les curés et les officiers de milice doivent se faire un plaisir de concourir à ce qui le concerne. Au reste, on pourrait à la place des officiers de milice, charger deux autres habitants de chaque paroisse, d'en rendre compte et ces deux habitants seront changés tous les ans.

On voit aisément que, quand le bureau établi à Québec sera informé tous les ans de ces détails, on saura : 1º Combien il y aura eu de terres ensemencées et cultivées chaque année ; 2º combien il y en aura eu de défrichées ; 3º si la culture des terres augmentera en proportion des habitants ; 4º à combien de minots de toute espèce pourra monter la récolte de chaque année ; 5º combien il en faudra pour la substance de chaque habitant, pour celle de toute la colonie, pour les semences et pour élever les bestiaux et volailles ; 6º combien il y en aura d'excédant, et combien on pourra en laisser sortir pour le commerce ; 7º si les habitants élèvent peu ou beaucoup de bestiaux et autres denrées nécessaires à la vie.

En conséquence de toutes ces connaissances, le bureau de Québec pourra : 1º ordonner que chaque habitant cultive et défriche plus de terre qu'il n'a coutume de faire, et ceux qui ne voudraient pas le faire, le pouvant, seront punis ; 2º il pourra obliger les habitants à semer autant dans les années où le bled sera à bon marché que dans celles où il sera fort cher. Mais, dira-t-on, l'habitant qui verra qu'il est avantageux pour lui de semer, sèmera toujours également On répond à cela : Qu'il arrive souvent que les habitants, par paresse, négligent la culture de leurs terres et qu'ils n'en défrichent point de nouvelles, surtout quand ils voient le bled à bon marché et qu'ils ont de la peine à le vendre ; 3º Il obligera les habitants qui n'ont point de terre, ou qui n'en ayant que très peu, à en prendre et à en défricher des nouvelles ; 4º il ordonnera aux habitants de chaque paroisse de ne point souffrir des mendiants, des fainéants, des vagabonds, des petits marchands courir dans les campagnes, sans y prendre une terre et sans les obliger à travailler, surtout ceux qui sont en état de le faire, car il faut que dans un état bien policé, tout le monde s'y occupe utilement et y travaille ; *Na*—qu'il arrive souvent que quand un soldat a obtenu son congé, il va souvent dans les campagnes y faire le métier de fainéant, paresseur, et de petit marchand, ou enfin de vagabond.

4° Il obligera et contraindra les habitants de chaque paroisse à se cotiser et à contribuer entre eux sous le bon plaisir du Roy, pour aider tant de leur travail que de leur argent, les habitants qui prendront des terres en bois debout, et qui commenceront à les défricher, soit dans leur paroisse, soit ailleurs. Le produit d'une pareille contribution sera employé pour fournir 1° à ces nouveaux habitants tout ce qui sera nécessaire pour leur substance pendant les 3 ou 4 premières années, comme bleds, lards, graisse, mais encore pour leur procurer tout ce dont ils auraient besoin pour s'établir solidement, par exemple, pour acheter les ustensiles de labourage, comme des bœufs, des chevaux, des charrues, une pioche, une vache et autres choses nécessaires pour l'établissement d'un habitant. Les habitants de chaque paroisse, surtout ceux qui sont riches et aisés, et qui sont déjà en fort bon nombre, devront être d'autant plus portés à fournir leur contingent pour cette contribution, qu'ils feront plaisir en cela à leurs enfants, à leurs parents, à leurs alliés, à leurs voisins, à leurs amis et à leurs concitoyens Au moyen de cette contribution et de ce secours pour les nouveaux habitants, un habitant pourra s'établir solidement dans l'espace de dix ans, sur une terre en état d'aider les autres nouveaux habitants, et de contribuer par là à leur établissement. Il serait encore bon d'ajouter à cette contribution, pour les nouveaux habitants 1° tout ce qui serait confisqué au domaine du Roy, sans en rien réserver pour les officiers du domaine ; 2° les amendes que les plaideurs paient, dans les différentes juridictions de cette colonie ; ce sont les greffiers qui les mettent aujourd'hui dans leurs poches ; 3° un impôt qu'on mettrait sur tous les cabaretiers de la colonie. Personne ne pourrait vendre ni vin, ni eau de vie en détail, sans payer 30 ou 40 livres par an ; le premier capitaine de chaque paroisse percevrait ces impôts et en tiendrait compte ; 4° toutes les punitions ordonnées par ce bureau, lesquelles pour la plus grande partie consisteraient en amendes et en confiscations ; 5° on pourrait retrancher une partie des pensions que le roy fait aux gens d'église dans cette colonie, pensions qui :

1° sont considérables.

2° que, dans les commencements, étaient nécessaires à ces gens-là pour vivre, mais dont ils peuvent se passer aujourd'hui, parce qu'ils ont des biens fonds dont les revenus sont considérables. Ces biens consistent dans des fermes, des moulins et des seigneuries.

De tout cela on en formerait une masse qu'on emploierait pour aider les nouveaux habitants : d'autant, qu'à moins qu'un habitant qui va prendre une terre à défricher ne soit aidé et secouru s'il lui est possible de s'établir sur cette terre d'une manière avantageuse pour lui et pour la colonie, il lui faut nécessairement des avances, qui lui donnent tout ce dont il a besoin pendant les 3 ou 4 premières années, de sorte quil n'ait que son travail à fournir, ce qui est encore bien assez. Puisqu'on regarde, on doit regarder un travail de cette nature et une terre en friche qu'il faut défricher comme le plus terrible de tous les ouvrages. Sans des avances un nouvel habitant périt souvent, lui et sa femme et ses enfants dans la peine et dans la misère, ce qui est évidemment contraire au bien et à l'établissement de la colonie, puisque la multitude d'habitants en fera toujours sa force et sa richesse. On ne manquera pas de dire que la contribution de chaque paroisse fera un impôt qu'il faudra imposer sur chaque habitant, suivant ses facultés pour cette contribution, et que tout ce qui a l'air d'impôts est à charge. On répond à cela : 1° que ce sera un impôt à la vérité, mais qui ne devra point être onéreux aux habitants, puisque c'est pour les leurs, qu'ils le payeront et à qui ils feront plaisir ; 2° qu'il est juste que des habitants qui sont riches et qui ne payent rien au roi à qui il en a coûté, et à qui il en coûte encore beaucoup, tous les ans, pour les maintenir dans leurs paroisses, contribuent au moins à établir la colonie et par là la mettre en état d'augmenter et se défendre contre ses propres ennemis ; 3° que pour éviter l'air d'impôts, chaque paroisse nommera tous les ans deux habitants pour imposer cette contribution et pour en faire la récolte ou recette ; 4° que ceux qui en feront la recette payeront eux-mêmes aux nouveaux habitants et en rapporteront les quittances au bureau de Québec qui règlera auparavant ce qu'il conviendra de donner à chaque habitant ; et cela, afin d'éviter les frais d'un receveur général qui pourrait déplaire aux habitants ; 5° que si les contributions d'une paroisse étaient plus fortes et plus considérables qu'il ne faudrait pour les nouveaux habitants de cette paroisse, ce qu'il y aurait d'excédant serait réservé pour les pauvres, les vieillards indigents, ou bien, on le donnerait aux nouveaux habitants de quelques autres paroisses.

*Na.*—Chaque habitant ne pourrait pas entrer pour beaucoup dans cette contribution, et il ne faudra pas lever une grosse somme pour chaque paroisse ; d'ailleurs, ceux qui voudraient fournir du bled et des bestiaux aux nouveaux habitants pourraient le faire au lieu d'argent; enfin, les habitants qui sont riches et aisés peuvent bien payer cet impôt sans en être incommodés.

ARTICLE TROISIÈME

Tous les marchands et tous les entrepreneurs pour le Roy, tant des villes que des campagnes, qui viendraient faire exploiter des farines pour leur commerce, seront obligés d'en faire leur déclaration, et de la quantité dont ils auront besoin à ce bureau, qui leur donnera permission d'aller dans les campagnes pour acheter les bleds et les farines dont ils auront besoin, et ils seront tenus de rapporter un certificat de la quantité de bleds et farine qu'ils y auront achetée. Le capitaine sera obligé en même temps d'en informer le bureau de Québec, aussi bien que de ceux qui iront acheter en cachette des bleds ou autres denrées dans les campagnes. Ceux qui manqueront à ces formalités seront punis par une amende proportionnée à leurs facultés. Cela parait d'autant plus nécessaire, 1° que par là, on empêchera de faire des amas de bleds et de farines sous de vains prétextes ; par exemple, les fournisseurs du

Roy sous prétexte de nourrir deux ou trois cents hommes de garnison, ne pourraient point acheter de quoi nourrir plus de mille : 2° pour empêcher des particuliers de faire sourdement des amas de pains et de farines, pour ensuitte les vendre fort cher, ou pour les employer à leur commerce ou pour les laisser perdre. S'il arrivait que M. les gouverneurs et intendants eussent quelques expéditions militaires à faire, ils diraient à ce bureau de donner une permission pour la quantité de farine dont ils auront besoin sans rien dire davantage.

ARTICLE QUATRIÈME

Ce bureau 1° obligera tous ceux qui voudront faire le commerce de farine, d'aller chez les habitants pour y acheter par préférence leurs bleds et leurs denrées, ou bien on les prendra pour la subsistance des nouveaux habitants qui y vont s'établir dans le même endroit, mais toujours à un bon prix. Il faudra toujours traiter gracieusement les nouveaux habitants, leur procurer le débouché de leurs denrées à un bon prix, les exempter des charges et des corvées publiques, autant que faire se pourra, et ne point les détourner de la culture de leurs terres, tout cela affin qu'ils soient en peu de temps en état d'être de bons habitants et d'être utiles aux autres.

2° Il fixera tous les ans le prix du bled sur un pied où l'habitant puisse se tirer d'affaire et payer gracieusement toutes ses peines et ses travaux, par exemple, mettre le bled à 2tt 10s. le minot au moins, ou encore mieux à 3tt. Il pourra l'augmenter suivant les circonstances, mais il ne le mettra jamais en dessous. Il est à observer qu'il faut toujours traiter favorablement l'habitant ; à cet égard, affin de lui donner du goût et de l'encouragement pour la culture des terres, les habitants qui s'établiront dans les pays d'en haut comme au Détroit, aux Miamis, aux Illinois, à la Belle Rivière, et environs des forts seront exempts de cette police ; ils pourront vendre leurs bleds, leurs denrées aussi chers qu'ils voudront pour la subsistance des garnisons qui y seront, et celle des voyageurs. Il sera même bon qu'on les leur prenne sur un bon pied, affin d'engager plusieurs nouveaux habitants à y aller s'établir. Mrs. les gouverneurs et intendants recommanderont en outre aux commandants, aux officiers, aux soldats, aux garde magasins de les traiter doucement, de ne point les molester ; au contraire, des favoriser en tout, et de les faire aider par les soldats des garnisons dans le défrichement et la culture de leurs terres et dans leurs récoltes. On observera qu'il est d'autant plus important d'établir les environs des forts des pays d'en haut, et d'y mettre des laboureurs, que ces endroits bien établis, fourniront non seulement la subsistance des garnisons, ce qui épargnerait au Roy :

1° les achats des farines et d'autres denrées qu'on fait à Québec et à Montréal, pour ces endroits-là ;

2° les frais de transport dans tous ces endroits, lesquels frais sont toujours considérables, mais encore pourraient dans les années de disette envoyer des farines à Québec et à Montréal.

D'ailleurs, ils faciliteraient l'établissement des nouveaux postes et par là contribueraient infiniment à étendre l'autorité du Roy et les limites du Canada. Ils détourneraient encore les sauvages à s'établir solidement dans ces endroits, les y attacheraient et les y domestiqueraient pour ainsi dire comme sont les sauvages Hurons de Lorette, proche Québec ; de sorte qu'on n'aurait plus rien à craindre ; enfin, ce serait autant de petites colonies capables de contenir les anglais, de les empêcher d'empiéter sur nous et de nous disputer pour ainsi dire le terrain ;

3° ce bureau ne permettra qu'une certaine sortie de bled et de farine hors de la colonie ; et cette sortie ne pourra se faire qu'à la fin d'aoûst, temps où l'on sera assuré de la récolte de l'année.

Par exemple, si la nourriture des habitants des villes, des garnisons, et les semences prises, il y avait 80 mil minots de bled d'excédant, on pourra permettre la sortie de 50 mil ou 60 mil au plus, affin qu'il en reste toujours au moins un tiers, ou un quart d'une année sur l'autre, dans la colonie, pour empêcher les disettes et prévenir par là les suittes d'une récolte qui serait mauvaise ou médiocre. Au moyen d'une telle précaution jamais il n'y aurait de disette dans la colonie, et le roy ne serait point obligé d'y envoyer des farines. 4° Les capitaines des navires qui partiront de cette colonie pour aller soit en France ou à Louisbourg, soit à St. Domingue ou à la Martinique, seront obligés de déclarer à ce bureau la quantité de farines qu'ils emporteront, l'endroit où ils les verseront, et dans la suitte de rapporter ou d'envoyer un certificat du commandant de l'endroit où ils auront vendu ; et dans le cas où ils y manqueraient, ce bureau les condamnerait à une amende de 500 frs au moins. S'ils revenaient dans cette colonie et s'il arrivait qu'ils en partissent sans faire cette déclaration, on ferait saisir leur cargaison et elle demeurerait confisquée.

5° Mrs. les gouverneurs et intendants seront priés par ce bureau d'envoyer 1° les soldats en garnison dans les campagnes et surtout dans les endroits où il y a de bonnes terres à défricher et à prendre. Par là, ils épargneraient des dépenses considérables au Roi qu'on est obligé de faire pour ses troupes dans les villes surtout pendant l'hivert ; 2° les soldats à force de vivre avec l'habitant s'accoutumeraient à la vie dure, se marieraient et immanquablement prendraient du goût pour la culture des terres et par là, eux et leurs enfants formeront des habitants qui peupleraient la colonie et qui lui seraient fort utiles dans la suite. C'était ainsi qu'en agit Mr le Comte de Frontenac, gouverneur général du Canada et dont le nom y sera toujours en vénération, quand il a voulu établir cette colonie. Il distribua le régiment de Carignan dans les campagnes, et les soldats qui le composaient formèrent dès lors presque toutes les souches des habitants qui sont aujourd'huy dans la colonie. On peut dire que si tous les gouverneurs généraux qui ont été dans ce pays avaient suivi les mêmes principes, la colonie serait aujourd'hui si solidement établie qu'elle n'aurait plus rien à craindre de la part des Anglais, et serait en état de fournir des denrées de toute espèce à un prix raisonnable, non seulement pour la subsistance de la colonie, mais encore pour les différentes branches du commerce. D'ailleurs, ces habitans feraient des soldats infiniment supérieures à toutes les troupes de l'univers pour la deffense de la colonie,—et pour y établir des cultivateurs des terres et cela affin de ne point détourner les habitants des gouvernements de Québec, de Montréal et des Trois Rivières de la culture des terres. D'ailleurs, cela procurerait aux officiers de quoi vivre et se soutenir honorablement. Enfin, un gouverneur devrait s'occuper uniquement du soin de veiller aux intérêts du Roy et de l'État et par conséquent ne devrait jamais faire de commerce. Un intendant en a assez de veiller à l'administration de la justice et de la rendre lui même, de veiller aux intérêts du Roy, d'empêcher la dissipation de ses fonds, ne point faire de folles dépenses, régler équitablement tout ce qui concerne le commerce, penser aux moyens d'agrandir et de fortifier cette colonie, profiter de toutes les occasions qui pourraient y contribuer, ne mettre en place que ses bons sujets, et veiller sur la conduite de ceux qui y sont sans les vexer ni les chagriner ; enfin, on observera que l'administration que ce bureau fera sur l'autorité de Mrs. les gouverneurs et intendants, ne doit point empêcher l'exécution de ce projet, s'il est véritablement utile et avantageux de le faire pour l'avancement de cette colonie.

*Na.*—En temps de guerre, il n'y a que les habitants qu'on puisse armer pour la deffense de la colonie et pour molester et harceler les Anglais, parce qu'ils sont les seuls qui puissent aller en canots l'été, et en raquette l'hivert, se nourrir avec un peu de farine de graisse et de suif, faire des marches forcées à travers les bois pendant trois ou six mois de temps, résistant à la rigueur du froid, vivant au bout de leur fusil, c. à. d. avec la seule chasse et la seule pêche.

Les soldats français n'étant point accoutumés à ce genre de vie sont incapables de pouvoir marcher pendant l'hivert et même pendant l'été, pour les expéditions militaires, ou s'ils le font, ce n'est qu'avec beaucoup de peine, et il s'en perd beaucoup par le froid.

6° Ce bureau priera Mrs. les gouverneurs et intendants d'obliger les seigneurs à concéder à tous les habitants qui s'y présenteront, et à concéder au moins à chaque habitant trois arpents de front sur 50 à 60 de profondeur, et cela affin qu'un habitant ait suffisamment de terre pour lui et pour un ou deux de ses enfants, qui, en s'établissant tous dans le même endroit, seront plus à portée de s'aider mutuellement à établir leurs terres. S'il arrivait que ces seigneurs ne voulussent pas concéder sur ce pied là, les gouverneurs et intendants concéderaient alors au nom du Roy, et cette concession serait bonne.

7° Ce bureau, sur le compte qui lui serait rendu par le curé et les officiers de la milice, des habitants qui quitteraient leurs terres, pour s'établir dans les villes, pour s'appliquer uniquement au commerce, à la pêche, à la chasse, au matelotage, obligerait ces habitants à retourner sur leurs terres ou à en prendre de nouvelles dans d'autres endroits. A cela, eu égard au temps aux circonstances et à la situation de la colonie, en veillant cependant toujours d'une manière particulière à la culture des terres, la raison est qu'un habitant qui a quitté pour quelque temps sa terre, soit pour demeurer en ville, soit pour s'adonner à la chasse, à la pêche, au matelotage ou au commerce, perd tellement l'habitude et le goût qu'il avait pour la culture de la terre qu'il ne peut plus s'y appliquer. D'ailleurs, en vendant sa terre à un autre ou en la lui affermant il empêche celui à qui il la vend ou à qui il l'afferme, d'en prendre une pour lui, de s'établir, ce qui est nuisible au progrès de la colonie.

8° Ce bureau pourra obliger tous les négociants forains qui voudraient établir un comptoir dans cette colonie à prendre une terre en friche de 4 arpents de front sur 60 de profondeur, ou d'en acheter une, de la faire mettre en valeur, en faisant venir de France tous les ans deux ou trois paysans pour la cultiver : 1° parce qu'il n'est pas juste que des négociants viennent dans ce pays pour y faire des profits considérables et pour en emporter toute la graisse, sans lui être utile d'une manière solide, ce qui ne peut se faire qu'en faisant défricher une terre qu'ils vendront à d'autres quand ils voudront s'en aller ; 2° un négociant qui gagne quelque fois deux ou trois cent mil livres dans ce pays ne sera pas beaucoup à plaindre quand il fera défricher une terre qui lui fournira des denrées utiles pour sa subsistance et pour son commerce quand il sera dans la colonie. Enfin, ceux qui ne voudront point avoir ce soin payeront au moins 300 livres par an pour les nouveaux habitants et par là, entreront dans la contribution dont on a parlé.

9° Ce bureau obligera chaque paroisse à veiller à l'emploi de la contribution qu'elle a, en faveur des nouveaux habitants, et s'il arrivait qu'il y en eut quelqu'un qui ne profitât pas des avances qu'on lui ferait, sur le compte qui en serait rendu, il serait puni sévèrement comme un paresseux, à moins qu'il ne se trouvât dans l'impossibilité de travailler la terre.

10° S'il arrivait qu'un habitant ne cultivât point la terre pendant une année ou deux, soit parce qu'il serait malade, soit parce qu'il serait commandé et employé pour le service du Roy, soit par impuissance, comme incendie ou pauvreté extrême, alors les officiers de milice seraient obligés de la faire cultiver, ensemencer, et récolter par corvées, et lorsque la récolte serait faite, on la partagerait ; la moitié ou le tiers appartiendrait en propriété à cet habitant, à sa femme et à ses enfants, et l'autre moitié serait vendue, et le prix qui en proviendrait serait distribué à ceux qui auraient fourni la semence, qui y auraient travaillé, à chacun à proportion de ce qu'il aurait fait.

Enfin, Mrs. les gouverneurs et intendants ne pourront point changer ni empêcher l'exécution des décisions de ce bureau, sans l'avis de ce bureau, de sorte que s'il y a quelques changements à faire, soit dans les règlements, soit dans les ordres de ce bureau, ils ne pourront être faits qu'en assemblant ceux qui composeront ce bureau et en prenant leur avis. On sent bien que ce projet ne contient pas tous les règlements nécessaires, mais ce sera à ce bureau à en faire des nouveaux, suivant l'exigence des circonstances. On ose avancer que s'il est possible de mettre un pareil projet à exécution, on verra :

1° la colonie s'agrandir considérablement en peu de temps ; 2° Qu'il servira à faire mettre beaucoup de terres en valeur ; qu'il y aura abondamment des bleds et des denrées de toute espèce tant pour la substance de la colonie que pour les établissements qu'on voudra y faire, et pour les différentes branches du commerce tant intérieur qu'extérieur ; 3° Qu'il y aura beaucoup de soldats capables de défendre la colonie contre les Anglais ; 5° Qu'on évitera par là beaucoup de dépenses au Roy et à l'État, occasionnées par des disettes ; 6° que cela ne fatiguera pas les colons du Canada; au contraire, cela les mettra tous ou presque tous en situation de pouvoir vivre gracieusement et de subvenir à la subsistance des vieillards, des infirmes et de tous ceux qui sont hors d'état de travailler.

7° Que quand la colonie sera une fois bien établie, loing d'être à charge au Roy, elle lui produira beaucoup et par ses établissements et par son commerce.

8° Qu'elle se fortifiera de plus en plus et deviendra redoutable aux anglais, nos voisins. On ajoute que c'est là l'unique moyen de la rendre puissante et florissante et qu'il vaudrait beaucoup mieux faire exécuter un pareil projet que de chercher à mettre dans cette colonie des impôts comme la taille et la capitation. Enfin, il paraîtra à tous les esprits pénétrants et attentifs qu'il résultera beaucoup d'autres avantages de l'exécution du présent projet, qui est, comme de fournir des vivres à Louisbourg, à St. Domingue, à la Martinique ; ce qui ferait un commerce fort considérable avec ces iles, sans contredit infiniment supérieur à celui qu'un nommé Martin, négociant, avait présenté au ministre, qui en avait renvoyé l'examen dans cette colonie.

On objectera sans doute qu'un pareil bureau, pour faire exécuter tout ce qui est contenu dans ce projet sera fort à charge à Mrs. les gouverneurs et intendants, dont il diminuera beaucoup l'autorité, surtout pour ce qui concerne la police de la colonie. On répond à cela 1° que des gouverneurs et intendants qui ont à cœur le bien du service, doivent être charmés de trouver des personnes qui les aident à faire ce bien dans leurs fonctions, et qui contribuent avec eux au bon ordre qui doit régner dans une colonie qu'on veut établir, en leur communiquant les lumières nécessaires pour y faire une police avantageuse ; 2° que ces messieurs ne sont jamais en état de faire par eux-mêmes une bonne et sage police, parce qu'ils ne connaissent pas assez la colonie, ni ce qui lui convient, et parce qu'ils ne le peuvent faire et ne le font jamais que relativement à leurs intérêts et aux intérêts de ceux qui leur donnent des conseils ou qui sont leurs créatures.

*Na.*—Qu'ils ne choisissent pas bien les personnes qui sont en état de leur donner des connaissances sûres et convenables au bien public. On sent bien qu'alors la police qu'ils font n'a pour objet que de favoriser leur commerce et d'empêcher par là l'établissement de la colonie qui n'est pas fort avancée depuis 150 ans. D'ailleurs, cela cause beaucoup de dépenses au Roy qui servent à rien, qu'à les enrichir eux et leurs créatures ; 3° qu'ils ont bien assez de travail de s'occuper de tout ce qui les regarde personnellement. Par exemple, un gouverneur doit veiller à conserver les postes établis dans le pays d'en haut, à en établir, à reculer les frontières des Anglais, les empêcher d'empiéter sur nous, les repousser vivement quand ils veulent usurper de notre terrain, comme ils ont fait à l'Acadie et à Chouaguen, les prévenir dans les établissements des postes qu'ils voudraient faire, attirer dans nos intérêts les sauvages, nous les attacher en empêchant que nos officiers, nos voyageurs et nos fermiers ne les pillent en leur vendant trop cher, et en prenant leurs pelleteries à trop vil prix, multiplier les postes autant que faire se pourra et les étendre ; par exemple, au lieu de donner un poste tel que la Baye, à un seul officier qui produit dans trois ans deux cent mille livres de profit, le partager à 10 ou 11 officiers, plus ou moins, envoyer beaucoup d'officiers et des bourgeois dans les pays d'en haut pour faire la traite et pour établir des forts où ils sont nécessaires.

*Objections et réponses que l'on pourrait faire à l'article où il est dit qu'il faut mettre des soldats en garnison dans les paroisses de la campagne, affin qu'ils prennent du goût pour la culture de la terre et que, par là, ils y deviennent habitants et cultivateurs.*

L'on objectera ; mais si l'on met les troupes ainsi en garnison dans les campagnes, les soldats ne pouvant plus être exactement et militairement disciplinés, ils ne pourront point faire l'exercice souvent, et par conséquent, ne le sauraient que peu ou point, et pourront déserter plus aisément que dans les villes ; les officiers d'ailleurs, seront bien à plaindre d'être obligés de demeurer dans les campagnes ; ils ne sont point à portée de faire leur cour au général et à l'intendant, de faire leurs parties de jeu, en un mot de profiter des plaisirs des villes et des agréments de la société dont on y jouit. On répond à cela :

1° Que le soldat n'étant point obligé de faire la guerre en Canada et de s'y battre comme en Europe, l'exercice militaire leur est très peu utile.

2° Que dans le cas où il leur serait utile, les officiers peuvent le leur faire faire à la campagne, comme dans les villes, pendant l'été et cela, les jours de fêtes et les dimanches.

3° Qu'au lieu de l'exercice militaire tel que les troupes le font, il serait très avantageux de leur en apprendre un autre qui leur servirait beaucoup ; ce serait de les accoutumer à marcher en raquette l'hivert, sur la neige, dans les forêts et les campagnes, à coucher dans les bois un jour ou deux chaque fois, à apprendre à s'y cabaner ; à couper du bois pour y faire du feu, à traîner sur une traîne 100 à 200 pesant ; à aller en canots ou piroques l'été, à faire quelques portages, à s'endurcir à la fatigue des voyages d'hivert et d'été, au moyen de quoi on fournirait des soldats propres à marcher l'hivert et l'été pour les expéditions militaires, et on ferait des hommes forts et vigoureux, tels que sont les habitants du Canada, et très propres pour faire la guerre aux anglais et aux sauvages, quand il en serait question. Enfin, on en ferait des soldats parfaits, surtout si on les accoutumait à vivre quelques fois dans ces sortes d'exercices, avec un peu de farine de bled d'inde grossièrement cassé et avec un peu de graisse ou de suif. Je dis plus, si on pouvait les accoutumer à vivre uniquement de pêche et de chasse, ce serait les meilleures troupes qu'il fût possible d'avoir.

4° Ils seront moins tentés dans les campagnes que dans les villes, puisqu'ils seront continuellement occupés à travailler avec les habitants, et que n'ayant point d'occasions de boire et de s'enivrer, ils formeraient rarement ce dessein ; d'ailleurs, ils trouveraient moins d'occasions de pouvoir le faire que dans les villes où ils trouvent des bâtiments ou des navires dont les capitaines et matelots leur promettent tout aide et tout secours pour déserter et pour les enmener en Europe. Je dis plus ; ils leur donnent souvent occasion de le faire en les embarquant dans leurs navires pour les porter en France, à l'Isle Royale, à St. Domingue et à la Martinique. Quant aux officiers des troupes, je ne les trouve pas plus à plaindre d'être dans les campagnes en garnison, que les officiers du régiment de Carignan qui y ont bien été dans un temps où les campagnes n'étaient ni si riches, ni si florissantes, ni si abondantes en toutes sortes de denrées qu'elles le sont aujourd'hui. D'ailleurs, quand il s'agit du service du Roy, ou du bien de la colonie, un officier doit se trouver bien partout où il peut y être utilement employé, et les agréments qu'il aurait dans les villes et à faire sa cour à l'intendant et au gouverneur ne doivent point l'emporter sur l'avantage de contribuer à établir la colonie. Au reste, ou l'on veut établir cette colonie ou non. Si on ne veut pas l'établir et si on veut laisser subsister les choses sur le pied où elles sont, il est certain que son établissement a été très-lent et qu'il le sera encore davantage par la suite.

Nous ajouterons à tout cela, qu'un soldat qu'on envoye de France ici coûte beaucoup au Roy, tant pour parvenir dans la colonie que pendant le séjour ou temps qu'il y est ; qu'il est uniquement occupé à monter la garde au château, ou dans quelque autre poste, que dans les intervalles où il ne la monte point, il travaille quelques fois pour les bourgeois, gagne par là beaucoup d'argent, et que quand il a gagné cet argent, il va le boire au cabaret ou l'employer à quelqu'autre débauche, ou bien s'il obtient son congé, il se marie quelque fois dans les villes, y fait ou devient un journalier, toujours pauvre et misérable ; enfin, s'il meurt ou devient incapable de gagner sa vie et celle de toute sa famille soit par faiblesse, soit par infirmité, il périt lui, sa femme et ses enfants dans la misère, de sorte que ce soldat, ou cet homme qui a beaucoup couté au Roy et à l'état, et qui a passé 20 30 ou 40 ans dans cette colonie, meurt enfin, sans avoir été presque d'aucune utilité au Roy ; que si ce soldat s'était marié à la campagne, s'il y avait pris une terre qu'il eut défrichée, il serait devenu un bon habitant qui en mourant aurait laissé une terre en valeur, capable de faire subsister sa femme et ses enfants, qui par succession seraient devenus de bons habitants, et par là, la colonie s'établirait, et il s'y formerait des sujets pour le roi.

*Na.* - L'avantage de faire faire l'exercice militaire aux soldats, de les discipliner, de procurer des agréments aux officiers, ne doit pas l'emporter sur celui de la colonie.

Il est douteux que ce système prenne jamais faveur, notamment parmi les officiers, d'autant qu'il en est peu qui ne fassent le commerce avec des bâtiments ou goëlettes qu'ils ont en propriété, et qui n'aient un magasin chez eux où il se débite des marchandises.

***

# QUEBEC, 1753

**Mémoire sur le projet des ouvrages proposés : 1. pour défendre la basse ville de la haute ; 2. pour fermer cette première d'une enceinte capable de résister à une attaque qu'on pourrait y méditer par la rivière St. Charles ou par le fleuve St. Laurent ; 3. et enfin sur l'augmentation des rues et des maisons qui permet l'agrandissement actuel de la haute ville et qui permettra par la suite à la basse, l'exécution des ouvrages qu'on y propose.**

Cette ville qui fait le principal établissement de la colonie, sous le nom de Canada, ne doit point par sa situation, enfoncée de plus de 100 lieues dans le fleuve susdit, par l'éloignement des puissances qui saisiront le dessein de l'attaquer, par les forces maritimes qu'exigerait une entreprise de cette nature et qu'on pourrait y conduire qu'à grands frais, et par les dangers que présente la navigation pour y parvenir, être considérée comme une place de guerre que la supériorité d'une armée sur l'autre en Europe peut menacer d'un moment à l'autre, mais bien, comme son chef lieu, à la défense de laquelle toutes les forces des habitants se réuniraient, attendu que sa prise entraînerait la perte de tout le pays. Ainsi, on se contentera de dire que l'enceinte de la haute ville, à laquelle on travaille depuis 6 à 7 ans suffit, (quoiqu'on ait négligé dans la distribution de ses ouvrages qu'on aurait pu ménager), par l'élévation et l'épaisseur de ses murs contre le genre d'attaque qu'on pourrait y former, qu'on n'est point d'avis d'y proposer aucune augmentation—il en a été formé un mémoire—mais bien sans entrer dans le détail de ses défauts, qu'on pourrait diminuer considérablement la dépense de ce qui reste à faire pour son achèvement.

ARTICLE PREMIER

*Ouvrages proposés pour la défense de la basse ville de la haute.*

Cette ville étant fermée du côté des terres par des ouvrages revêtus en maçonnerie et qui se flanquent réciproquement, reste ouverte par sa gorge de face au fleuve, vu que le cap qui l'enveloppe et que, suivant toute apparence l'on a compté inaccessible, diminue d'hauteur et d'escarpement à mesure qu'il pend vers la porte D, du faubourg du palais, et qu'indépendamment des trois rampes qui conduisent de la basse ville à la haute, les défectuosités qui s'y trouvent présentent bien des facilités pour y monter ; c'est donc nécessité d'y travailler, sans quoi, la dépense faite à l'enceinte de la haute ville deviendrait en pure perte, d'autant qu'un ennemy parvenu à la rivière St. Charles la traverserait en force, à gué, à marée basse, et ne ferait qu'un coup de main de la prise de la haute ville. C'est donc party forcé de travailler à ce cap. Ainsi pour y proportionner avec connaissance les ouvrages aux défauts et trouées qui s'y trouvent, on le distinguera cy-après en trois parties que l'on retranchera de manière qu'il y aura égalité de deffense dans son pourtour.

La *première partie*, comprise depuis la face gauche du petit front qui appuye au bastion du cap, cotté I, jusqu'au château cotté A, est extrêmement élevée et escarpée, et paraît formée plus de roc que de terre. Dans cet état, elle semble impraticable ; néanmoins on y a formé un sentier qui communique d'une ville à l'autre, et les ressauts multipliés du roc joint aux arbustes dont son talus est couvert, présentent des facilités pour y monter ; ainsi, pour détruire tous les différents moyens de parvenir à son sommet, l'on propose d'y élever tout le long un mur d'appui de sept pieds d'hauteur, adossé d'une banquette de trois ; il est visible par le plan que les parties se flanquent, et que le feu tiré par dessus étant plus assuré que par des créneaux d'ailleurs dirigé le long de l'escarpement, rendra cette partie à l'abri de toute insulte.

La *seconde partie* comprise depuis l'angle flanqué du bastion de la gauche de la petite entrée dans le château cotté A, jusqu'au sommet de la rampe de l'évêché, renferme la côte, ou la communication d'une ville à l'autre, de manière que le cap y est effacé pour la facilité des voitures, et qu'une puissance qui serait maitresse de la basse, monterait à la haute en force sans coup férir. On doit donc considérer cet endroit comme le plus défectueux du cap, et comme le plus urgent d'y rémédier. A cet effet, sont deux projets d'ouvrages, séparés de ce mémoire et également bons. L'inspection fera connaître les deffenses qu'on s'en propose. On observera seulement ici que, pour la facilité du passage public et pour ménager la dépense, l'on inclinerait pour le second.

La *troisième partie* de ce cap considérée depuis le sommet de la rampe de l'évêché jusqu'à la dite porte, cottée D, du faubourg du palais, va en pente vers la ditte porte, perd infiniment de sa hauteur et de son escarpement, semble, dans les parties basses, plus formée de terre que de roc, et présente, indépendamment des deux sentiers et de la rampe qui conduit à son sommet par des éboulys qui allongent son talus, des facilités pour y monter. Il est donc indispensable de suppléer aux défauts de la nature par des ouvrages qui éloignent les idées de pénétrer par là dans la haute ville. Pour ce faire, on revêtira le cap depuis la rencontre du mur crénelé, construit à droitte de la dite porte D, du faubourg du palais, jusqu'à la rampe de la canoterie, cottée 32, de 15 pieds d'hauteur, même plus dans les endroits où le talus se trouve allongé, et moins dans d'autres où il se soutient escarpé. Ce mur surmontera la terre, plein de six pieds, affin que dans le cas que la basse ville serait prise, de pouvoir manœuvrer à couvert sans être inquiété du feu de mousqueterie qui partirait des maisons voisines.

Parvenu à la dite rampe, on l'élargira à concurrence de 16 pieds, on l'allongera pour la rendre plus douce qu'il sera possible jusqu'à l'endroit marqué au plan ; on la soutiendra par un contremur à établir du côté du talus, et au sommet, seront deux piliers de maçonnerie dans lesquels seront posés des gonds pour y apposer des battants de porte au besoin.

Depuis le sommet de la ditte rampe jusqu'à la rencontre de la première des batteries cottées 12 du clergé, l'escarpement étant roide et élevé, on y formera qu'un mur de six pieds d'hauteur, adossé d'une banquette de deux pour couvrir le passage le long du cap ; le feu qu'on en tirera étant dirigé le long du rempart, suffira contre toutes tentatives pour y monter.

A l'égard de l'étendue occupée par les dittes batteries du clergé, comme elle est extrêmement élevée et que le feu de ces batteries, quoique plongeant dans le fleuve, peut inquièter beaucoup les vaisseaux dans leur passage et leur mouillage, ne doit point gêner la facilité de le diriger à Carlette ; on y propose ni merlons, ni embrazures. Cependant, pour ménager la défense qu'exige de temps à autre le renouvellement de la gênouillière en bois qui s'y trouve, l'on inclinerait assez de la faire en maçonnerie, et que lors d'une attaque, si son élévation de 12 pieds ne suffisait point pour passer à couvert derrière les dittes batteries, et que le feu de mousqueterie qui est le seul à craindre, qu'on tirerait des maisons de la basse ville, inquiéta trop les cannoniers, on y élèvera un masque de madriers de deux pouces d'épaisseur pour s'en garantir.

ARTICLE DEUXIÈME

*Pour fermer la basse ville d'une enceinte capable de résister à une attaque qu'on pourrait y méditer par la rivière St. Charles ou par le fleuve St. Laurent.*

L'enceinte projetée a deux objets : l'un pour résister à une attaque par le front du faubourg St. Charles et par la rivière de ce nom, guéable à marée basse, à toutes voitures quelconques, et l'autre, pour obliger les vaisseaux ennemis à s'éloigner des mouillages situés par le travers de cette ville, et par là, la garantir d'une attaque qu'ils y méditeraient.

La fermeture de cette enceinte vers le faubourg St-Charles a été balancée, et les avis différents ont donné lieu de former deux projets. Dans le premier, on a cherché d'appuyer le polygone de face au faubourg St. Charles aux ouvrages de la haute ville, pour en couvrir l'intérieur des enfilades de l'élévation du cap, mais aussi, il passe à travers le magasin de la potasse cotté 25, et du jardin de l'intendance, cotté R.

*Na.*—Qu'on aurait pu encore rentrer le polygone pour que l'angle du bastion de sa gauche appuya à celui cotté 6, de la haute ville, mais on a voulu ménager le palais cotté E, qui, par les sommes qu'il a coûté, demande considération.

Le second projet, fait en vue de conserver les dits magasins et jardins mentionnés, établit le polygone en avant et totalement dans le faubourg St. Charles, en détruit la plus grande partie des maisons, déborde l'enceinte de la haute ville d'une centaine de toises et oblige à une lunette avancée le long du sommet du coteau pour éloigner un assiégeant qui, sans cette précaution, parvenu sur le bord du dit coteau, découvrirait l'intérieur de ce polygone et forcerait de l'abandonner, d'où s'en suivrait la prise de la basse-ville.

Néanmoins, cette lunette empêchera bien un assiégeant de s'établir le long du cap pour désoler, par un feu de mousqueterie, le chemin couvert à l'intérieur du polygone, de face au faubourg St. Charles, mais elle sera dominée et flanquée, ainsi que le seront les ouvrages susdits de la basse ville de la hauteur située en prolongation de la capitale du bastion Ste. Ursule, cotté 4. Eu égard à ce défaut qu'on ne peut corriger qu'en occupant le sommet de la ditte hauteur, par un ouvrage qui occasionnerait une extension trop étendue de l'enceinte de la ville, on inclinerait plus pour le premier plan que pour le second. Quelque soit celui des deux projets pour lequel la cour inclinera, il remplira toujours les deux objets qu'on s'en propose, et pour le démontrer, on est entré dans le détail suivant :

On dira, 1° Que les ouvrages de cette enceinte commencent à une coupure proposée au dessus du bureau de construction cottée 28, à travers le chemin qui conduit tout le long au cap à l'anse des mers. Cette coupure appuyera d'un côté à l'escarpement du cap, et de l'autre à la basse mer, sera revêtue d'un mur de deux pieds d'hauteur, couronné d'un mur d'appuy de 4, adossé d'une banquette large de neuf, soutenu par un autre à titre de contremur, et deffendu d'un fossé de 6 toises de largeur que l'on traversera d'un pont-lévis et dont on revêtira le bord extérieur sur dix pieds d'hauteur.

*Na.*—Qu'on a déterminé cette coupure en cet endroit d'autant que plus loing le chemin est trop étranglé, et que la défense directe n'aurait point eu assez d'étendue, et que les ouvrages qu'on y propose, quoique faibles, étant protégés d'un feu de la hauteur du cap et ne pouvant être exposés au canon, sont plus que suffisants contre toute attaque avec de la mousqueterie;

2o La face du nouveau chantier de construction cottée V, sortira à son extrémité vers la coupure précédente, autant que la basse mer le permettra, et rentrera à l'autre 18 à 20 pieds pour qu'elle soit vue et deffendue des embrazures situées vis-à-vis et à droite de l'entrée dans le cul de sac, cotté X.

3o Le dit cul de sac sera revêtu de toute part; la face du fond soutiendra un chemin large de 30 pieds, affin de ne point y gêner les manœuvres du service, et sera traversé de 2 rampes pour la facilité des voitures qui déchargent les bâtiments qu'on y échoue et qu'on y carenne; la face de la gauche n'y exige aucune correction, mais celle de la droite au lieu d'être par redant d'une maison à l'autre, aura un quay alligné droit sur le devant du banc du roc qui s'y trouve et allongé autant près des eaux du fleuve qu'on pourra, affin de donner plus de découvert aux embrazures destinées à la deffense de la partie précédente.

4o La partie suivante sera tirée de l'extrémité de la précédente, droite à travers la place cottée Y, et en avant du quay des domaines et d'autres revêtus en bois, jusqu'à l'arrondissement de la batterie proposée sur la pointe à Carcy, cottée V. Elle effacera la batterie royale cottée 15; les deffences qu'on en tirera et des deux autres parties précédentes, étant les seules directes et rayantes sur les mouillages, à les étendre le plus qu'il sera possible ; ainsi, en attendant qu'on ordonne l'exécution de ce projet, il ne faudra point souffrir qu'on y construise d'autres quays qu'en maçonnerie et sur l'alli-gnement marqué ; et l'on s'opposera surtout à ce qu'on n'établisse des maisons qu'à la distance de 36 pieds de leur revêtement.

5° La pointe à Carey sera contournée d'une batterie arrondie, sous le feu de laquelle seront forcés de passer les vaisseaux qui voudront joindre les mouillages ; et en supposant qu'ils le franchissent, ils seront désolés par un feu de flanc tiré des embrazures, et un autre direct, comme on l'a dit, des trois parties précédentes.

L'intérieur de cette partie présente un vide qui assèche à marée basse ; on y propose un bassin capable d'y échouer les batiments marchands et de les y faire hiverner.

L'irrégularité de sa figure vient de ce qu'on a voulu éviter la lisière du roc exprimée par la ligne hachée qui traverse la dite pointe, et son entrée, pour la commodité du public, aurait été mieux placée à son flanc droit qu'à l'endroit où elle est marquée ; mais on aurait perdu un feu qu'on ne saurait trop ménager.

Depuis la gauche de cette batterie jusqu'à l'encontre du polygone de face à la rivière St. Charles, on tirera un autre quay coupé par un flanc pour rapprocher les feux vers la dite pointe à Carey, et percé dans l'un des plans d'un passage pour entrer dans un autre grand bassin proposé derrière l'enceinte, pour la commodité des navires marchands, et dans l'autre, cette ouverture sera pratiquée dans la courtine du premier polygone. Ce bassin, comme on le peut voir dans les deux plans, est projetté autant étendu qu'on l'a pu, isolé des maisons et de la fortification, avec une communication large et spacieuse autour, pour la commodité du commerce ; les navires y seront à flot a marée haute et échoueront à marée basse sur un fonds de sable,—et l'expérience que l'on a qu'à l'ancien chantier cotté T, on y a cy-devant lancé à l'eau, indépendamment de deux frégates du roy, le Cambouse de 50 canons, le St. Laurent de 64 et le Canada de 30, - fait connaitre qu'il y en a assez pour tous autres bâtiments de même force qu'on pourra y construire, et affin de leur donner plus de longueur à courir, on a établi la cale à l'une des extrêmités. Cet arrangement a été constaté de concert avec le capitaine du poste et Mr. le constructeur, à l'égard des fronts des fortifications de face. Leur figure fait aussi connaître leur force et leur deffense à la rivière St. Charles. L'on dira seulement que l'angle de la rencontre de leur polygone extérieur avec celui de face au faubourg, sera au premier plan de 90 degrés, et au second de 95 pour que l'angle des bastions en ait au moins 70, et que le deuxième front proposé au second plan n'a eu lieu que par ce qu'en avançant le polygone opposé au dit faubourg de 75 toises, il s'est trouvé du terrain à pouvoir le pratiquer en cela, d'autant plus aisément, que la ditte rivière St. Charles assèche beaucoup plus loing qu'il n'est démontré au plan, et que d'ailleurs, plus on enfermera d'espace, plus on aura de commodités à tous égards.

Quant au poligone de face au dit faubourg St. Charles, il est construit à peu près dans les mêmes règles que les précédents, avec la différence seulement qu'au moyen de traverse la batardeau qui se trouve à l'angle flanqué du bastion de la droite d'un passage de deux pieds de largeur, on soutiendra en tout temps l'eau dans le fossé au moins de 7 à 8 pieds d'hauteur.

*Na.*—On s'est un peu écarté des règles de l'art dans la construction de ces poligones, et cela en vue de ménager du terrain. A cet effet, le fossé n'ayant que 12 toises de largeur réduites, les flancs tirés quarrément sur les lignes de deffense, ont paru suffisants de 13 toises de longueur, moyennant quoi, la perpendiculaire s'est trouvée de 18 toises au lieu de 30 qu'elle aurait dû avoir suivant les principes de la moyenne fortification, et conséquemment les faces n'ont que 48 et la courtine se trouve plus en dehors de 16 toises. Au reste, si l'on veut y faire quelque changement lors de l'exécution, rien ne s'y opposera.

Il y aurait encore à discourir sur ces poligones, mais en apportant un peu d'attention à l'inspection du plan, l'on jugera mieux des avantages qu'il présente à ce qu'on pourrait en dire

L'on ajoutera à la deffense des parties de face au fleuve que, quoique l'enceinte soit proposée en forme de quay, seulement pour la commodité du commerce et pour la facilité de diriger un feu à babette sur les mouillages, néanmoins, son terre plein est assez large pour, en cas d'une attaque par le fleuve, y élever un parapet et le percer d'embrazures comme la pointe à Carcy.

*Na.*—Le revêtement extérieur de ces quays et poligones sera fait en bonnes pierres de taille, posées alternativement en pameuses et cousisses contenues de l'une à l'autre par des agraffes de fer scellées en plomb, et sera recouvert à mesure qu'on l'élèvera, d'un madrier de 4 pouces pour empêcher que le mouvement des eaux ne délaye et n'entraîne les mortiers des joints et procurer par ce moyen le temps à la maçonnerie de faire corps.

Enfin, les plans et profils font connaître les terres à rapporter, les excavations à faire, les différents niveaux des eaux et les épaisseur et hauteur à donner aux revêtements quelconques.

ARTICLE TROISIÈME

*Des rues et des maisons projettées à l'agrandissement de la haute et de la basse ville*

PREMIÈREMENT, A LA HAUTE VILLE

Les différents ressauts et les inégalités que forme le cap, ont obligé, dans l'origine des établissements, à rechercher les assiettes les plus plates pour y construire les maisons, et ces premiers emplacements occupés ont déterminé des occupations d'une maison à l'autre par succession ; ces communications ont été considérées rues, et en conséquence, la ville s'est trouvée percée aussi bizarrement que le plan la représente.

C'est donc en quelque façon parti forcé aujourd'hui d'accorder la distribution des rues, que permet l'aggrandissement de la haute ville, aux allignements des anciennes. Ce n'est pas que, l'emplacement étant vaste, il ne soit susceptible d'être traversé de plusieurs façons ; mais après les avoir combinées, celles qui s'y rapportaient les plus, on s'est fixé à la distribution que représente le plan. On serait assez d'avis que si la Cour l'approuvait, qu'elle ordonna qu'on en marqua tous les angles par des bornes ou piquets, afin d'éloigner toutes considérations, faveurs et partialités tendantes à y apporter du changement. L'on ajoutera encore sur l'objet des rues et maisons de cette ville qu'il faudrait obliger tous les anciens concessionnaires des terrains, dont la bâtisse est en souffrance, à fermer la devanture d'un mur de 2 pieds, et qu'il en fût de même pour les séparations d'une maison à l'autre, afin d'obvier aux incendies que les piquets qu'on y emploie peuvent occasionner. D'ailleurs, ces piquets donnent un air misérable à cette ville, tandis qu'il y a peu de particuliers en état de fournir à cette dépense.

2° Qu'on ne souffrit point dans les rues d'escaliers en bois à une ou deux rampes et de 5 à 6 pieds d'hauteur, que les particuliers établissent à la bienséance de la distribution qui leur est la plus convenable, mais seulement trois pas de la porte au plus de 6 pouces chaque.

3° Que les ingénieurs dirigeassent la pente des rues et la désignassent de distance à autre ; pour lors, tel particulier qui voudrait bâtir, déterminerait son rez de chaussée à un pied au dessus du niveau de pente qui se trouverait vis à vis son emplacement, sans quoi, la plupart des rues étant encore brutes et dans l'état que la nature les a formées, leurs inégalités sont un prétexte de lever le seuil des portes sans ordre ni règles, et cela dans la crainte que dans la formation des rues, elles ne se trouvassent enterrées.

4° Quant à l'alignement des maisons, dès que celui-ci serait donné pour les rues, le grand voyer ne saurait s'en écarter, à moins que ce ne fût par ordre des chefs de la colonie.

5° On n'a pu parvenir à connaître quels peuvent être les terrains dans cet agrandissement qui restent à concéder ; on aurait désiré les marquer au plan pour qu'on ne s'en emparât pas mal à propos, et qu'ils fussent accordés de préférence en indemnité aux particuliers, à qui on prend tous les jours, pour le service du Roy, des terrains qu'ils ont bien achetés.

Enfin, l'on serait d'avis que tous les ans le roi accorda un fonds de 8 à 10 mille livres pour le redressement des rues, pour les paver et pour la formation des places publiques, d'autant qu'il est désagréable qu'une ville habitée depuis plus de 100 ans, riche aujourd'hui, et dont on a une si haute idée en France, conserve encore un air misérable.

L'on dira encore, à l'occasion des places publiques, qu'indépendamment de celle qu'on propose dans l'agrandissement de la haute ville, il y en a deux autres, dont l'une située devant le château, d'une assiette inégale, qui sert de place d'armes et qu'on dresserait à peu de frais de façon à pouvoir manœuvrer les troupes. Et l'autre est située vis-à-vis la cathédrale. Dans l'arrangement dont elle est susceptible, on pourrait y pratiquer un bassin, qu'une source qui s'y trouve et qui ne servit jamais, nourrirait d'eau pour le besoin des habitants, et qui leur serait d'un grand secours en cas d'incendie.

DEUXIÈMEMENT, DE LA BASSE VILLE.

Les bassins projetés pour la commodité des navires marchands occupent, l'une comme partie des terreins qu'enferme l'agrandissement de la basse ville, et le restant s'est trouvé resserré et même diminué par les rues dont il faut le traverser, par la place publique, et par l'emplacement d'une église paroissiale qui y sont indispensables ; on a tâché d'assujettir la distribution régulière qu'on y a formée, à l'utilité des habitants et à la communication d'un isle de maison à l'autre ; on les a même isolés de l'enceinte pour ne pas gêner le service à tous égards, et les bassins sont contournés de rues assez larges pour y faciliter tous les mouvements que le commerce pourra occasionner.

L'on ajoutera qu'il ne faudra pas négliger d'établir des maisons parallelement aux courtines et à la dite enceinte, afin d'en couvrir l'intérieur des hauteurs d'entre les portes St. Jean et St. Louis.

Que la plus grande partie des terreins à bâtir appartient, les uns marqués en rouge, au séminaire des missions étrangères, les autres, en vert, à l'Hotel Dieu ; que ceux du faubourg sont en propriété au sieur Piché, et qu'il en reste peu aujourd'hui à la disposition du Roy.

Fait à Québec, le 26 Juillet 1753.



FRANQUET

# TABLE DES MATIÈRES



PAGES

Avant Propos .......... 3

1752.—Voyage de Québec aux Trois-Rivières, Montréal et au Lac St. Sacrement .......... 5

1752.—Voyage de Québec au village de Lorette sauvage. 102

Mémoire sur les principaux endroits que j'ai parcourus dans ma tournée de Montréal et du lac Champlain. 109

1753.—Voyage par terre et sur les glaces de Québec à Montréal .......... 129

1753.—Voyage par terre de Québec à la Pointe aux Trembles pour accompagner Mr. le Général dans son voyage à Montréal .......... 141

Premier séjour à Montréal .......... 147

Voyage au Lac des deux montagnes .......... 148

Second séjour à Montréal .......... 155

Séjour aux Trois Rivières .......... 160

Du Fort St. Frédéric .......... 163

Du fort de Chambly .......... 168

De la Rivière de Richelieu .......... 170

Du village de St. François .......... 174

Du village Précancour .......... 176

Du Geinseing .......... 177

Mémoire sur les moyens d'augmenter la culture des terres en Canada .......... 179

Québec 1753.—Mémoire sur le projet des ouvrages proposés pour défendre la basse ville et la haute .......... 201

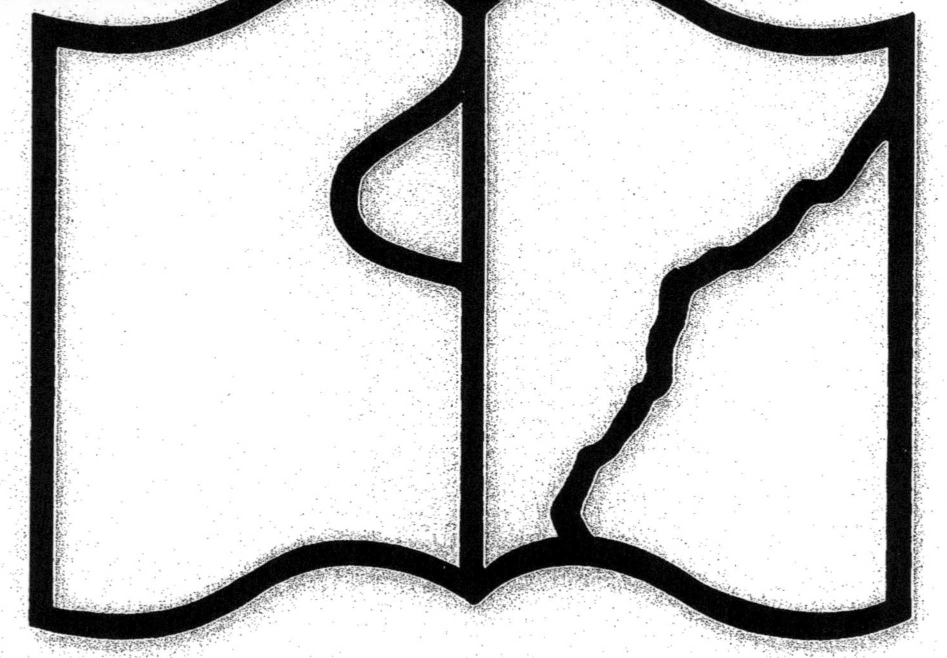

Contraste insuffisant

www.ingramcontent.com/pod-product-compliance
Ingram Content Group UK Ltd.
Pitfield, Milton Keynes, MK11 3LW, UK
UKHW020456200726
13857UKWH00002B/736

9 782012 934047